全国示范性高职高专院校建设重点专业《烹饪工艺与营养》规划教材
上海市教育委员会"085"项目建设精品课程

中式面点
制作技艺

穆士会　主编
金守郡　主审

U0295160

上海交通大学出版社
SHANGHAI JIAO TONG UNIVERSITY PRESS

内容提要

本书以学生现有的认知体系为基础,以培养餐饮业人员所具备的岗位能力为最终目标,课程设计按照实际生产过程中所需的知识、技能组织课程内容,基于工作过程来设计教学活动,精学多练、务求实效。使学生通过接受中式面点技能的训练,提高中式面点的动手能力和分析问题、解决问题能力。

全书内容分为基础知识与实践应用两个部分,内容涉及:水调面团类、发酵面团类、油酥面团类、米粉面团类、澄粉面团类等的制作技艺等。

本书可以作为高职高专烹饪专业中式面点课程的教材,也可作为烹饪餐饮行业从业人员的培训教材,还能作为面点点制作爱好者的学习参考。

图书在版编目(CIP)数据

中式面点制作技艺/穆士会主编. —上海:上海交通大学出版社,2014
ISBN 978-7-313-11622-2

Ⅰ. 中... Ⅱ. 穆... Ⅲ. 面点—制作—中国 Ⅳ. TS972.116

中国版本图书馆 CIP 数据核字(2014)第 125837 号

中式面点制作技艺

主　　编:穆士会
出版发行:上海交通大学出版社　　　　地　　址:上海市番禺路 951 号
邮政编码:200030　　　　　　　　　　电　　话:021-64071208
出 版 人:韩建民
印　　制:上海锦佳印刷有限公司　　　　经　　销:全国新华书店
开　　本:787mm×1092mm　1/16　　　印　　张:10
字　　数:234 千字
版　　次:2014 年 7 月第 1 版　　　　　印　　次:2014 年 7 月第 1 次印刷
书　　号:ISBN 978-7-313-11622-2/TS
定　　价:48.00 元

编 委 会

总　序

　　遵循高等职业教育规律与人才市场需求规律相结合的原则，不断开发、丰富教育教学资源，优化人才培养过程，构建和实施符合高职教育规律的专业核心课程一体化教学模式。立足烹饪职业岗位要求，把现实职业领域的行为规范、专业技术、管理能力作为教学的核心，把典型职业工作项目作为课程载体，面向岗位需求组成实景、实境演练的实践课程教学模块，进而有机地构成与职业岗位实际业务密切对接的专业核心课程体系。

　　《烹饪工艺与营养》专业系列教材建设是我校建设全国示范性院校教学改革和重点专业建设的成果。在坚持工学结合、理实一体人才培养模式和教学模式的基础上，对专业课程体系进行了重构，形成了专业核心课程一体化教学模式和课程体系，即以认识规律为指导，以校企深度合作为基础、以实际工作项目为载体，以项目任务形式将企业工作项目纳入人才培养目标形成核心课程一体化课程体系，形成阶段性能力培养与鉴定的教学过程。

　　基于这样的改革思路，整合中式烹饪、西式烹饪、中西面点、餐饮管理与服务专业核心课程，融合《餐饮原料采购与管理实训教程》、《营养配餐实训教程》、《中式烹调基本功训练实训教程》、《中国名菜制作技艺实训教程》、《中式面点制作技艺实训教程》、《菜肴创新制作实训教程》、《西式菜肴制作技艺实训教程》、《西式面点制作技艺实训教程》、《西餐名菜制作技艺实训教程》、《厨房组织与运行管理实务》等专业核心课程的教学内容，通过对各专业职业工作过程和典型工作任务分析，选定教学各阶段工学项目模块课程，进而转化成为单元模块课程，构成基于工作过程导向的情境教学工学结合模块式课程体系，并根据各学习领域课程之间的内在联系，合理划分各教学阶段的模块课程。

　　《烹饪工艺与营养》专业系列教材的建成，有效地解决了原有传统教学实践中教学目标不清晰、教学内容重复、创新能力培养不够、综合技术能力差的弊端，发挥学生能动性，培养学生创新能力，理论知识融汇到实践实战中，让学生体会到"做中学、学中做、做学一体"乐趣。

上海旅游高等专科学校

烹饪与餐饮管理系

2012 年 5 月

前　　言

随着我国改革开放的逐步深入,服务经济在我国国民经济中的比重逐渐增大,其重要性日益凸现。大力发展现代服务业已成为世界经济发展的必然趋势。旅游业是现代服务业中的一个重要组成部分,而餐饮服务是旅游六大要素中的重要一环。为了提高餐饮服务质量,就必须加强对高素质餐饮服务人才的培养。这就为高等职业教育烹饪专业的发展带来了新的契机。为了适应餐饮行业发展和培养新型餐饮服务与管理人才的需要,并配合人力资源与社会保障部《技能人才职业导向式培训模式标准》的研究,结合旅游高职高专人才培养目标的要求,我们组织编写了高职餐饮技能系列教材。《中式面点制作技艺》是该系列教材之一。

《中式面点制作技艺》是"烹饪工艺与营养"专业的专业技术必修课之一,是一门实践性很强的课程,也是一门培养学生专业技术和创新能力的课程。本教材是上海旅游专科学校重点建设专业配套教材之一,是遵循工学结合原则,突出基于就业岗位工作过程的任务和能力为教学内容,实现学习领域模块化、模块化课程项目化教学的创新教材。本教材的内容有:中式面点概述;中式面点制作的基本知识(包括中式面点制作的设备使用与维护);各类面团类的制作与品质鉴定(初、中级品种实例)。

本教材的特点是:突出技能,强调适用,直观形象,通俗易懂;内容精练,重在实用;紧扣教学改革需要,传统内容大胆取舍。因此,本教材既适用于高职烹饪专业大专两年制或三年制的教学需要,也可作为餐饮行业培训在职人员的教材。本教材强调在做中学,以实践教学为主,结合产品的制作工艺,将操作技巧与基础知识相结合,使学生能最大限度地掌握实际操作技能,并举一反三有所创新。

本教材由上海旅游高等专科学校穆士会主编,华东师范大学金守郡教授对全书内容作了最后的审定与补充。在编写过程中,得到了上海交通大学出版社倪华编辑的支持,并参考和借鉴了大量中式面点制作的经典案例以及国内诸多饮食文化专家学者们的相关著作和研究成果。在此,表示衷心的感谢。此外,教材的编写还有美国迈阿密周先生美食的点心师胡幽梦参编,并得到了点心大师邓修青老师的大力支持;李聪、孙勇两位老师也为本书的部分插图提供了帮助,在此一并表示感谢,最后感谢上海旅游高等专科学校饭店管理系吴中祥副教授的大力支持及指导。

由于时间仓促,水平有限,书中疏漏之处在所难免,恳请读者和专家批评指正。

编　者

2014 年 2 月于上海

目　录

基础知识篇

实践应用篇

基础知识篇

第一章 中式面点概述

中式面点是中华饮食文化的重要组成部分,素以历史悠久、制作精致、品类丰富、风味多样著称于世。本章简要介绍中式面点的起源和内涵、中式面点的主要形态、中式面点的主要风味流派等知识,使读者对中式面点有一个概要的认识。

第一节 中式面点的起源和内涵

一、中式面点的含义

面点是指正餐以外的小分量食品,有广义和狭义之分。广义的面点是面食与点心的总称。它包括主食、小吃、点心和糕点。狭义的面点是指把比较粗放的主食和部分小吃排除在外的小吃、点心和糕点。

从面点演化规律看,是先有主食、小吃,后有点心、糕点。从主食进化到面点,有一段发展过程。

中式面点的面是指麦面、米面、杂粮面类原料和制品;点是指点心,包括米、麦、杂粮等粮食作物经过特殊加工制作的各种食品;两者统称中式面点。它既是人们日常生活中不可缺少的食品,又是人们调剂口味时的补充食品。

二、中式面点的起源

"面食"这个词最早见于宋代,"点心"一词则在唐代就已出现,指在吃正餐之前先吃一点食品用以充饥,即用以垫饥、品味的,用米、面粉及莲子、栗子、枣子、银耳等制作的食品。到了宋代,则把专门制成的面食称为点心,即是指正餐以外的食品。由于面食和点心的词义比较狭窄,到近二三十年来则"面点"一词已普遍为人们所接受。

在我国,面食出现得很早。据考证,早在五千年以前,我国的面食制作已相当成熟(这将在下一节阐述),但面食品种比较单调。在已发现的甲骨文中,迄今仍无有关面食的文字记载。

三、中式面点的文化内涵

中式面点制作从古到今,来自民间,经过各兄弟民族的饮食交融和历代厨师的反复多次实践,既制作出品种繁多、风味多样的面点,又充满了中华民族的文化内涵,其文化特色主要表现在以下几个方面。

1. 名称典雅,感觉美好

中式面点多为广大劳动人民所喜爱,其中有一个原因就是面点的名称引人入胜,富有诗情画意。因为很多面点名称引用了民间流传的故事和神话,寓意吉祥如意。如"花篮糕点",象征欣欣向荣;"百子寿桃",象征长寿多子;"穆桂英挂帅",取自宋代杨家将的历史故事。还有许多品种含有纪念意义,如端午粽,是自春秋战国以来历代人民为纪念爱国诗人屈原的。又如,寿桃做成桃形,寿糕做成九层糕,寿面取长寿命之意。有些面点因谐音"福""禄""寿""喜"而走红。有些以美好的外形命名,如"元宝酥""四喜饺""开口笑""花好月圆"等,给人以吉祥如意的美好感觉。

2. 传奇色彩,吸引品尝

不少面点,由于受到历史上的一些传说影响,增加了其传奇色彩,从而吸引了不少人去品尝。如清代宫廷风味中的肉末烧饼、小窝头,就因慈禧太后的喜爱而闻名。天津的"狗不理包子",最初是清代末年一个名叫高贵友(乳名"狗子")的人制售的,因受到许多顾客的喜爱,生意日益兴隆。许多与之相熟的顾客戏称其为"狗不理",久而久之,就传遍了天津市,成为天津的特色点心。又如全国各地皆有的早点食品——油条,据传是南宋时期,老百姓对卖国贼秦桧杀害岳飞恨之入骨。当时临安有个做食品的小贩,把面团揉成人形放入油锅炸之,又香又脆,也很好吃,取名"油炸桧",意思是把秦桧炸了吃,以解老百姓的心头气。其他还有一些食品,如月饼、饺子等,也包含许多传奇色彩的传说和故事。

3. 形象生动优美,富有民族特色

中式面点,自古以来,就注重色、香、味、形俱佳,给人以各种美的享受,既注重味美可口,又注重色、形美观生动,其中特别注重外形的变化。讲究一包十味、一饺十变、十酥十态、一卷一样,故需运用多种造型的制作技法,以达到既有形象又食用好吃的目的。例如,在一些全国性的烹饪名师技术表演大赛中,就出现过多种色彩、造形、质地都很优美的面点,让人得到一种美的享受。

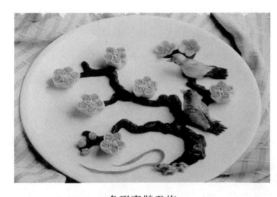

象形喜鹊登梅

象形石榴花

4. 适应时令风俗,制作应节食品

中式面点,自古以来就与中华民族的时令风俗密切相关。早在春秋战国时期,民间就有四时八节的说法,"四时"是指春、夏、秋、冬;"八节"是指二分(春分、秋分);二至(夏至、冬至)和四立(立春、立夏、立秋、立冬)。古人也非常重视按节令制作面点食品,例如,冬至吃馄饨、伏日食汤饼的习俗,至今仍在不少地区流传。又如,北方大年三十吃饺子,南方过年吃汤团、年糕;正月十五全家吃元宵,端午节吃粽子,中秋节吃月饼,重阳节吃重阳糕,清明节吃青团等习俗在民间一直流传。在北方有一句民谚:"冬至饺子碗,冻掉耳朵没人管;初一饺子初二面,初三合子围锅转。"合子也是一种饺子,平时是烙熟,初三是煮熟。正月初五叫"破五",也吃饺子。实际上,中国人最讲究最看重的是大年除夕这顿饺子(也叫"年饭")。这是祖祖辈辈血脉里传承下来的文化基因,全家人其乐融融在一起吃年夜饺子,以示来年平安吉祥、财源茂盛、人丁兴旺等的期望与祝愿。

饺子

四、中式面点的主要形态

中式面点的制作工艺是一门艺术,也是一门科学。它是我国历代劳动人民在制作面点的多年实践中共同创造的。从古至今,各式各样的面点形态荟萃了我国各地、各民族的智慧,品种众多,形态多样,味美可口。若把它们加以归纳,则离不开这样一些形态,如饼、馒头、面条、饺子、烧卖、麻花、粽子、粥等。

1. 饼

在我国古代,饼是一切面食的总称。烧饼、汤饼、蒸饼、笼饼、胡饼、麻饼等之称呼,只是制作方式不同而已。到清代,饼才开始指外形扁圆、长方、扁形的食品。今天的饼则专指蒸烤而成的外形为扁圆形的面食,或其他外形为饼状的食物。我国有很多独具特色的地方名饼,如金华酥饼、闽南薄饼、潮州姑嫂饼、山东周村烧饼、湖北黄州东坡饼、内蒙哈达饼、上海状元饼、河南双麻饼、广东鸳鸯夹心饼、沈阳李连贵熏肉大饼、太原加利饼等。例如,山东周村烧饼有"薄、香、酥、脆"四大特点,清末皇室曾屡次调贡。

麻饼

松香大麻饼

2. 馒头

馒头（曼头）一词最早见于西晋《饼赋》中，《饼赋》乃晋人束皙撰。《饼赋》中描写了麦面饼的起源，主要是下层劳动人民创造出来的；又提到了十多种面点的名称及一些食法；最后还描绘了制饼的过程和娴熟的技巧。这表明我国从晋代开始就有了馒头（曼头）。到了明代，馒头的品种不算多，但南北各地都有馒头，且普遍为圆而隆起的外形。到了清代，已发展到了有馅和无馅之分。当时已有了千层馒头、小馒头、豆沙馒头、南翔馒头、荞麦馒头、山药馒头等许多品种。今天的馒头，则是一种用面粉发酵蒸成的形圆而隆起的食品。原本有馅，后北方人称有馅的为包子，无馅的为馒头。馒头的形态可有圆形、长形、高柱形等。

贵妃奶皇包

蛋黄莲蓉包

3. 面条

面条是我国传统的南北方皆宜的面食品，且多是将面粉加水所制成的长条形（细、宽）的食品。据考古资料，在 4000 年前（新石器时代晚期），我国青海地区出现了由小米面、黍米面制成的面条。此发现证明中国是世界上食用面条最早的国家。汉代将面条称为索饼（水引饼），从这时计算，我国的面条也已有 2000 多年历史。到明清时期，面条的花色品种更加丰富，且出现了"拉面"、"刀削面"等制法特殊的品种。

今天，面条遍及全国，南北各异，风味独特者不下几十种，比较有名的有四川中江的银丝面、湖北云梦县的鱼面、山西的刀削面、上海的葱油拌面、山东的百合面、北京的炸酱面、河北的杂面、延边的冷面、福州的线面等。在我国吃面也有很多讲究，与当地的风俗民情有关，如过生日贺诞常吃寿面，拜天地入洞房吃鸳鸯面，寺院僧侣吃素斋面，重阳节吃茱萸面等。

葱油拌面

4. 饺子

据考古记载,在新疆吐鲁番的一座唐代墓葬中,发现了用小麦面制作的月牙形饺子。这说明在唐代,中国西部的面食中已经有饺子了。但饺子的名称在宋代才出现,初始叫角子,后才称为饺子。清代饺子的品种很多,有用米粉和面粉为皮做的两大类饺子。而面粉又分为冷水面皮、烫面皮、温水面皮三种。由于饺子的面皮制法多样,馅心变化多端,加之成熟方法也有多种,可蒸、可煮、可煎,因而饺子的品种更加多样。其中的名品有山东的"扁食",东北的"老边饺子",西北的"羊肉扁食",苏州的水饺、油饺,淮安的淮饺,广东的"野鸭粉饺"、"蛋饺"、"颠不棱"、"粉果"、"艾饺"等。

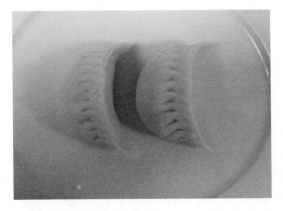

蒸饺

煎饺

5. 烧卖

烧卖,又称稍麦、烧麦,我国南、北方都比较喜爱这类食品。它是用热水面团做皮,将皮擀制成荷叶裙边,包含馅心的食品。其外形与有馅的包子、饺子均不相同。

烧卖是在元代出现的面点新品种。在宋元时期的话本《快嘴李翠莲记》中有关于"烧卖"的最早的记载,文中"烧卖"与"饺子"(扁食)并列。又云:"以面作皮,以肉为馅,当顶为花蕊,方言谓之稍麦"。可见,元代的稍麦与今日的烧卖基本一样。至于"稍麦"的名称与"烧卖"不同,是由于读音不同所致。明代,也出现了一些烧卖的新品种,如北京名食"桃花烧卖",上海嘉定烧卖(有人称为"纱帽",因形似纱帽,故名。上海至今仍有人称"烧卖"为"纱帽")。清代,全国南

烧卖

北各地出现许多烧卖的有名品种,如北京"都一处"的三鲜烧卖,"小有余芳"的蟹肉烧卖,山东的临清烧卖,扬州的文杏园烧卖,四川的金钩烧卖,云南的都督烧卖,贵州的夜郎烧卖,等等。

江苏的糯米烧卖、翡翠烧卖都是名品,还有鲜肉烧卖、牛肉烧卖、冬瓜烧卖、什锦烧卖、虾仁烧卖、蟹粉烧卖、车螯烧卖,等等。

6. 麻花

麻花,指采用矾碱、糖或盐等与面粉调制而成的炸制食品。用盐即为咸麻花;用糖即为糖麻花。麻花等炸制食品在清代有所发展,南、北方皆有,名品也很多,是一种大众化的食品。清代的麻花制作,有不发酵面团制作,也可用发酵面团制作。例如,天津的大麻花在清代已较有名。现在,天津的十八街麻花已成为名品,其他还有芝麻麻花、蛋黄麻花、冰糖麻花、小麻花、蜜麻花、脆麻花、凤尾麻花、燕子麻花、元宝麻花、绣球麻花等。

7. 粽子

粽子,系端午节的节日食品,古称"角黍",是我国传统食品中迄今为止文化积淀最深厚的一种食品。关于粽子的记载,最早见于汉代许慎的《说文解字》。"角黍"之名源于春秋,因用茭白叶包黍米成牛角状而得名。东汉末年用草木灰水浸黍米,因水中含碱,用茭白叶做成四角形煮熟后称为广东碱水粽。到晋代被正式定为端午节食品。据传,粽子起源于祭屈原之说,在南北朝时已颇为流行。其后,随着时间的推移,屈原的爱国爱民精神,高尚廉洁的品格,对美好理想的执著追求,对后世影响越来越大。因而端午节食粽祭屈原之说就广为流传,历千百年而不衰。粽子的品种也随之越来越多。例如,比较著名的有桂圆粽、肉粽、莲蓉粽、板栗粽、水晶粽、火腿粽、咸蛋粽、豆沙粽、松仁粽等。

8. 粥

粥是人们喜爱的主食之一。早在《周书》中就有"皇帝始烹谷为粥"的记载,表明中国人食粥的历史十分久远。

粥,俗称稀饭。烧粥的原料很多,麦、米、粟、粱、黍等都可用来煮粥。所以,古代粥的花样很多。现在,人们一般用粳米、粟米、糯米来熬粥。一般有两种类型:一是单用米煮的粥;一是

粥

用中药和米煮成的粥。加中药的粥称药粥。粥也有稠厚、稀薄之不同。在古代"稠者曰糜，淖者曰鬻"。现今粥的花样更多，南、北方人全都吃粥，尤其以广东的粥更为精致，品种也更多，如皮蛋粥、瘦肉粥、皮蛋瘦肉粥、鸡丝粥、南瓜粥、羊肉粥、牛肉粥、滑鸡粥、艇仔粥、祛湿粥、鱼片粥等八十多种。它成为人们喜欢的小吃。

　　食粥之益处很多，古人云：一省费，二津润，三味全，四利脑，五易消化。据此加以扩展，其意义和作用更广，即敬老、节约、救荒、疗疾、养生、美食。食粥可以养生是古人的又一宝贵经验。南宋著名诗人陆游曾作诗一首："世人个个学长生，不悟长年在目前，我得宛丘平易法，只将食粥致神仙。"让世人对食粥的认识提高到养生的高度。

　　9. 团子

　　团子是指用糯米粉制成的食品品种之一。如：元宵和汤圆等。它们都是人们熟悉、喜爱的糯米食品品种。元宵是我国民俗节日正月十五元宵节的传统食品；汤团是大众点心而非节日食品。两者都是以糯米粉为皮，汤煮为主，亦有油炸。汤团大小形制不定，传统馅心如是甜馅多为"猪油芝麻、桂花豆沙、砂糖枣泥"等；如是咸馅有"菜肉、鲜肉"等。还有一种上海乔家栅的团子，是将团子煮熟后，在团子外面滚上一层粉，冷吃。

　　10. 馄饨

　　馄饨一词最早载入文献的是三国时期魏国张揖的《广雅》："馄饨，饼也。"馄饨系由秦汉时期的汤饼演变而来。到了南北朝，馄饨已经很普及了，有"天下通食"的说法。在我国不同地方对馄饨的叫法不同，如：抄手、云吞、水饺、曲曲、包面、清汤等。

汤团

小馄饨

第二节　中式面点的主要流派

　　我国的面点品种丰富，款式众多，时令节气明显，可塑性强。在悠久的历史进程中逐渐形成了两大类型：以米、米粉制品为主的南味和以面粉、杂粮制品为主的北味面点，并出现了一些较大的流派。被公认的有京式、苏式和广式三大流派。

一、京式面点

　　京式面点亦称京鲁点心，源于我国盛产小麦、杂粮的北方地区，泛指黄河中下游及其以北的地区所制作的面食、小吃和点心。由于北京在中国历史上的特殊地位,是长期各族人民杂处之地,为京式面点的成型奠定了基础。故以北京为代表,称为京式面点。

京式面点的主要原料是以面粉为主,杂粮居多。其主要特色是面团多变,馅心考究,吃口鲜香,柔软松。例如,被称为京式"四大名面"的抻面、刀削面、小刀面、拨鱼面,以柔韧筋抖、鲜咸香美著称。其中,山西刀削面,上下尖、两边薄、中层厚,用筷子一夹,不会断开两截,面条入口滑中带韧性,渗满浓香而不腻的汤底,令人吃了还想吃。又如天津的狗不理包子,其馅是加入骨头汤、放入葱花、香油等搅拌均匀形成的,吃时口味醇香,鲜嫩适口肥而不腻。

京式面点的代表品种有民间面食、小吃,也有宫廷点心。民间的有:北京的"都一处"烧卖、龙须面、炸酱面、小窝头;天津的狗不理包子;山东的蓬莱小面、盘丝糕、状元饺;河北的扛打馍、金丝杂面和一篓油水饺;河南的沈丘贡馍、博望锅盔;陕西的羊肉泡馍;辽宁的马家烧卖和萨其玛;内蒙古的奶炒米和哈达饼,等等。宫廷的点心有:清宫仿膳的豌豆黄、芸豆卷、小窝头、肉末烧饼等。

二、苏式面点

苏式面点简称苏点,泛指我国长江下游江浙沪地区所制作的面食、小吃和点心。它源于扬州、苏州,在江苏、上海等地得以发展。因以江苏为代表,故称苏式面点。由于该地区地处长江三角洲,经济繁荣、交通发达、物产丰富,为富庶的鱼米之乡,因而饮食文化发达。尤其是在中国的烹饪文化中,四大菜系之一的苏菜源于此。这就大大推动了苏式面点技艺的发展和提高。

苏式面点是以米面与杂粮为原料,其主要特点是擅长制作各种糕团、面食、豆品、茶点、船点等,品种繁多,应时迭出,造形讲究,制作精细;馅心多样,味道鲜美,富于生活情趣。例如,淮扬汤包,馅心中掺冻,熟制后包子汤多而肥厚。食时要先咬破皮吸汤,味道极为鲜美。

苏式面点的品种繁多,其代表品种有淮扬汤包、蟹粉小笼、蟹壳黄、翡翠烧卖、宁波汤团、黄桥烧饼、青团、麻团、双酿团、松糕等。此外,上海的排骨年糕、嘉兴的五芳斋粽子、太湖船点等都是全国名点,值得一尝。例如,无锡太湖船点是在无锡太湖游船画舫上,供游人在船上游玩赏景、品尝茗茶时所吃的点心。苏式面点成形主要采用捏的方法、造型别致,有各种花草、飞禽、动物、蔬菜、水果等形态各异,栩栩如生,被誉为中国面点中的艺术精品。

蟹壳黄

玉兔饺

白菜饺

金鱼饺

三、广式面点

广式面点亦称广派面点,泛指我国珠江流域及南部沿海地区制作的面点、小吃和点心。因以广东为代表,故称广式面点。它包括广西、海南、港澳、福建、台湾等地的民间食品,可分为"潮式"面点和"闽式"面点。由于该地区自然环境优越、资源丰富,使其有充裕的食品原料,因而可以制作众多的面点制品。又因其善于结合自身特点,汲取外来精华,加之当地人们接受外来思想较快,富于创新精神。鸦片战争后受西方饮食文化的影响较早,有机会接受西点制作技术的精华,因而丰富了广式面点的制作内容,产生了许多新的品种。如广式面点中的甘露酥、松酥皮类点心就是汲取了西点中混酥类点心的制作技术而形成的。广式面点中的鲜奶挞皮、岭南酥皮就是汲取了中原食品的影响而形成的。

广式面点最早以岭南地区民间食品为主,多以大米为主料,后随着我国南北各地的交流增多,使民间的面粉制品不断增加,出现了多种酥饼类面点。广式面点的主要特色是品种丰富多样,形态多姿多彩,伴随季节而变化;受西点制作影响,使用油、糖、蛋辅料增多,馅心用料广泛,口味清淡鲜美,营养价值高。据统计,目前广式点心的品种多达 2 000 多种,各种馅心品种约有 47 种。如,春季的鲜虾饺、鸡丝春卷;夏季的荷叶饭、马蹄糕;秋季的萝卜糕、蟹黄灌汤饺;冬季的腊肠糯米鸡、八宝甜糯米饭。在用糖方面,广式月饼的用糖量、糖浆量均比京式、苏式月饼的用量大,因而广式月饼易回软,耐储存。

鲍鱼酥

鸡丝炸春卷

XO酱萝卜糕

拌糖马蹄糕

广式点心的代表品种很多,尤其是广州的茶点与宴席点心更负盛名。例如,广东的叉烧包、虾饺、马蹄糕;广西的马肉米粉;海南的竹筒饭、芋角和云吞;台湾的棺材饭、椰丝糯米团;港澳的马拉糕、水饺面和椰蓉饼等等。在广式面点中,广州的面点最具代表性,故广州的早茶、午茶闻名海内外。

第三节　中国特色风味小吃中的面点

中式面点有着很强的外延性,除上述三大主要流派为代表的面点以外,我国各地还有许多特色风味小吃,都具有当地的地方文化韵味,受到海内外游客的欢迎。

小吃亦叫小食、零吃,原多为小贩制作,以当地的土特产为原料生产的食品,地方风味浓郁,在街头销售,很为方便,来往民众喜于品尝。旧时,在一些大中城市中,往往会出现一些小吃集中的民俗文化集散地,如北京的西四大栅栏、天桥和王府井一带;天津的南市食品街;上海的豫园;苏州的玄妙观;南京的夫子庙、无锡的崇安寺等都是多年形成的著名的小吃街。在这些小吃街上,大部分是面点,少量的是菜肴。它们有明显的市民美食文化特色,极具魅力,成为重要饮食旅游资源。在这些小吃街,游人纷至沓来,品尝各种美味小吃,体验当地的饮食风俗和民俗风情。现在各地纷纷建立了小吃广场、美食街。不仅有当地的特色风味小吃,还有海内外各地的小吃,使其更具吸引力。

豫园湖心亭

一、华北小吃

华北地区盛产小麦,因而华北小吃以面食为主,素以品种多、制作精而著称。面条、饺子、烧卖、包子、炸制食品(炸糕、麻花)等样样都有。饺子是面食中的"泰斗",馅心千变万化。烧卖是面食一绝,面条更是千姿百态,是我国传统的面食品。在华北小吃中,北京的小吃花样最多,有炒疙瘩、卤煮火烧、豆汁、羊杂汤、豆腐脑、拨鱼凉粉等。北京的"仿膳斋"的风味点心更是清香爽口、细腻甜润,如有豌豆黄、芸豆卷、千层糕、佛手卷、小窝头、肉末烧卖等。

窝头

二、东北小吃

东北三省的小吃也是独具风味的地方美食。由于其地理环境独特,有白山黑水的地利加之吸取了华北、山东小吃的优点,兼收华北、山东小吃之品,使其也更具特色。例如,最著名的"老边饺子"有几十种,还有蒸饺多种,如有三鲜蒸饺、鱼翅蒸饺、银耳蒸饺、猴头蒸饺、什锦素菜蒸饺等等;还有李连贵熏肉大饺、大连海鲜面汤、韭菜盒子等也是东北著名的风味小吃。

三、西北小吃

陕甘宁地区位处黄土高原,由于它们处在古丝绸之路上,也成为秦陇小吃的发祥地。秦陇小吃以面食为多,带有黄土高原的独特风味,光面条就有二十多种,尤其以臊子面最为著名。面条均匀细长,筋韧爽口,臊子鲜香,汤味酸辣。另外,还有乾州鸡面、三原疙瘩面、汉中梆梆面、韩城大刀面、油泼䴀头面等。

1. 陕西小吃

以西安为代表,西安牛羊肉泡馍驰名中外。西安城里还有不少炸制面食,以萝卜饼、泡油糕、柿子饼、茶酥、菊花酥、糖馓子等较有名,还有春发生葫芦头、王记粉汤羊肉、蜂蜜凉粽子、张口酥饺、腊驴肉等也是有名的小吃。

2. 甘肃小吃

甘肃小吃以羊肉饸饹、烧鸡粉著名,这两种小吃夏季可凉食,清爽可口;冬季可以热食,鲜香醇厚。

3. 宁夏小吃

以银川为代表,如手抓羊肉、杠子、炒揪面、粉汤饺子、烩羊杂、烩小吃等,经济实惠,老少皆宜。其中尤以银川的白水羊肉、羊肉夹馍、胡忠的炒胡饽等最为著名。

四、中南小吃

中南地区是指河南、湖北、湖南、广东、广西、海南等省区,地跨黄河、淮河、长江、珠江等四大水系。米、面原料充足,小吃灿若繁星,风味别致,独具一格。

1. 河南小吃

河南是华夏文明发祥地之一,几千年的中华文明,使其饮食文化内涵极其丰富。风味小吃在古代已负盛名,如汉南的双麻饼,道口烧鸡,平顶山蝴蝶猪头,周口的泥鳅钻豆腐,活虾钻豆腐,豫南的猪皮桂花丝等。其中开封的牛羊肉烩馍、鲤鱼焙面等最为著名。

2. 湖北小吃

湖北控扼长江南北,其小吃种类多样,兼有南北风味。例如,有汉阳帮帮鸡,江陵五香豆豉,藕汤和散烩八宝饭,孝感炸藕夹,黄州豆腐圆子,东坡饼,炸烧卖,汉川月饼,红安糯米绿豆粑,黄梅豆皮春卷等。在湖北全省的小吃中,尤以武汉为多,例如,武汉的炒米粉、凉拌米粉、麻酱面、炒面等,其中有一种"蔡林记"热干面最著名。

3. 湖南小吃

湖南位于我国中南地区,气候温和,降水充沛,有八百里洞庭等资源丰富,为发展特色风味小吃提供了优越的条件。湖南的饮食文化起源较早。据考古发现,早在八千多年前湖南人已经食用稻米了,而湖南谷物中以稻为主,且豆、粱、黍、稷、麦皆有,因此,湖南的面点小吃历史也很悠久。由于湖南盛产湘莲,用莲子制作的风味小吃很多,如冰糖湘莲、莲子粥、银耳莲子羹、香蕉莲子粥等。另外,湖南的猪油白糖梅干菜包子、猪肉鸡蛋卷等也很有特色。在湖南的小吃中,长沙可作为代表,长沙以"杨裕兴"的面、玉楼东酒家的汤泡猪肚和德园包子最有名。

4. 广西小吃

广西位处于中国南部,山珍海味多。在面点中,米线是一种重要品种。它是用米粉制成的独具风味的传统食品,已有几百年的历史了。而广西桂林的米粉小吃源远流长,品种繁多,享誉海内外。桂林米粉包括卤米粉、火锅生菜粉和马肉粉三大类。其中,以过桥米粉和卤米粉最出名。

米粉

5. 广东小吃

地处亚热带地区的广州是一座具有2 800多年历史的古城,是广东省政治、经济、文化和交通的中心,也是华南最大的城市。早在唐宋时代,广州就已是世界大型海港城市之一。同时,阿拉伯、大秦(罗马)等国前来中国通商的人不少,随之也传来了外国的饮食习惯,广州的饮食也由此而蜚声海外。俗话说:"生在杭州,死在柳州,穿在苏州,食在广州。""食在广州"不仅是对广州的赞誉,同时更是对以广州为主体的广州食风区的赞美。"食在广州"概括了广州食文化的最主要特色。

广东小吃的烹制方法多为蒸、煎、煮、炸4种,可分为6类:油品,即油炸小吃,以米、面和杂粮为原料,风味各异;糕品,以米、面为主,杂粮次之,都是蒸炊至熟,可分为发酵和不发酵的两大类;粉、面食品,以米、面为原料,大都是煮熟而成;粥品,名目繁多,其名大都以用料而定,也有以粥的风味特色命名;甜品,指各种甜味小吃品种(不包括面点、糕团在内),用料除蛋、奶以外,多为植物的根、茎、梗、花、果、仁等;杂食,凡不属上述各类者皆是,因其用料很杂而得名,以价格低廉、风味多样而著称(例如,煮制品:肇庆裹蒸粽、云吞与云吞面、艇仔粥、潮汕汤圆、鱼粥、馥园坠火粥、及第粥、杏仁奶露、腊味鱼包、潮汕鱼丸与潮汕鱼饺等);素制品:透明马蹄糕、清香荷叶饭、猪油糯米鸡、薄皮鲜虾饺,等,其中以潮州月饼名气最大。另外,潮州的腐乳饼、老婆饼、宝斗饼也很有名。

炸俩蒸肠粉

鲜虾胶

五、西南小吃

我国西南地区是高原山地和丘陵地带,气候暖湿,物产丰富,且少数民族众多。故除了面点之外,少数民族的面点也颇具特色。例如,云南的白族面点,傣族面点,彝族面点等。

四川素有"天府之国"的美称。自古以来,四川的饮食文化发达,从唐代开始,面点就已出名。从大类上看,饼、馒头、面条、饺子、饭、烧卖、麻花、粽子、粥等均有。而每一类中又派生出若干品种。如,包子类就有大肉包子、火腿包子、灌肠包子、水晶包子、细沙包子、羊肉包子、素包子、冬瓜包子等十多种。以面条而言,有碱水面、炉桥面、攒丝面、炸酱面、白提面、素面、卤面、牛肉面、担担面等十多种。现今,四川的小吃风味独特,制作精致,更具吸引力。例如,成都的担担面、赖汤圆、韭菜盒子、粉蒸牛肉夹锅盔等都成为深受人们喜爱的风味小吃。

云南小吃以过桥米线最为有名,是已有100多年历史的独具风味的食品。该小吃由三部分组成:一是热汤;二是切成片类的副食品;三是用粮食米粉制成的米线。过桥米线是集各种鲜味肉类及蔬菜于一碗,味美清醇,各种生片香鲜甜嫩,滑润爽口;各种绿菜漂于汤碗内,红、绿、黄白相间,色泽美观,诱人食欲。另外,昆明的锅贴乌鱼口味独特,营养丰富;用白米蒸成的饵块,或炒、或烧,再配以味道丰富的佐料,是著名的早点小吃。

六、华东小吃

华东地区,包括山东、江苏、安徽、浙江、上海、福建、江西七省市,位于黄河下游、长江下游等我国东部地区,物产丰富,鱼米之乡,也是中国小吃最丰富的地区之一。

1. 山东小吃

山东面点早在汉魏六朝时已经有名,经过1 000多年的发展,到清代已经成为中国面点的一个重要流派。山东面点的特点是:用料广,品种多,制法精。其用料以面粉为主,兼及米粉、山药粉、山芋粉、小米粉、豆粉等,再加上荤素配料、调料,品种多达上百种。如龙须面、烟台福山面,发糕、枣糕、蜂糖糕、千层糕、盘丝饼等味美糕点。还有像聊城的炸四股、八批果子、济南的炸糖皮、掖县的炸鱼面、炸春卷、炸徽子、炸麻花,还有状元饺子也都很出名。

2. 江苏小吃

江苏乃鱼米之乡,面点品种极多。扬州面点和苏州面点,是江苏面点内的两大次生流派。扬州的饮食文化自古就比较发达,唐代时就已有许多著名面点,如胡饼、蒸饼、薄饼、捻头、聚香团等。到清代,如素面、裙带面、千层馒头、小馒头、小馄饨、运司糕、洪府粽子、酥儿烧饼、灌肠包、烧麦、松毛包子、淮饺、三鲜面等。苏州为江南历史文化名城,其傍太湖、长江,临东海,气候温和,物产丰富,饮食文化自古就较发达。

在苏州的面点中,又以糕团、面条、饼类食品制作更为出众。例如,苏州的糕团用料广泛、注重色彩,糕中还加糖屑,加有脂油丁,讲究的还要加桂花糖卤、玫瑰糖卤、蔷薇糖卤,使糕点的甜味中带着花的芬芳清香,给人以美感和食欲;苏州的糕团还有一个特点,即时令性特别强。如正月十五吃元宵,二月二吃撑腰糕,三月吃青团,四月吃乌米糕,五月吃神仙糕,六月吃谢灶糕,七月吃豇豆糕,八月吃粢团,九月吃重阳糕,十月吃萝卜团,十一月吃冬至团,十二月吃年糕等。苏州面点中有一个特殊品种,即"船点",指旅游船上供应的食品。唐宋之时,苏州有乘船游宴的历史,到了清初更盛。今日无锡的太湖船点就是船宴的发展。无锡太湖船点以混合米粉作坯皮和麦汁、菜汁、鲜瓜果汁等染色,内包甜、咸馅心。其形状有南瓜、番茄、葫芦、茄子、核桃、小鸭、金鱼、白兔等多种。工艺精湛,色调自然,犹如泥人瓷塑,惟妙惟肖。现今,苏州糕团、扬州茶食名扬天下。

雪媚娘

上素鸳鸯饺

3. 上海小吃

上海小吃荟萃八方珍品,更是琳琅满目,无所不有。上海地区的文明起源较早,可以追溯到先秦。但上海形成繁华的商业城市,主要是在明清之时。尤其在清末,已成为"江海之通津,东南之都会"。因而饮食业发展很快,且小吃也已有名气。明代的被称为"纱帽"的烧卖,清代的糕、饼、包子、馒头、面条等均出现过不少名品。如:薛糕、松糕,上海老城的汤团、各种浇头面、多种馅心的饼。上海开埠以后,随着西点的引进,更加促进了上海面点小吃的发展。上海的城隍庙在清末已成为我国著名的小吃群之一。如今,上海的排骨年糕、南翔小笼已成为闻名全国的风味小吃。还有小绍兴鸡粥、鸡鸭血汤、鸽蛋圆子、开洋葱油拌面、蟹壳黄、猪油菜饭、宁波汤团、酒酿圆子、松江馄饨等也很有名。

上海小笼包

菜肉大馄饨

4. 浙江小吃

浙江小吃以杭州小吃最为丰富。就风味而言,杭州风味有甜有咸,但甜品与苏州相比,似乎淡些;咸品与扬州相比,又略咸一些。现今杭州的小吃更加有名,如:牛肉粉丝汤、"猫耳朵面"、"西施舌"最负盛名。另外,湖州丁莲芳千层包、宁波汤团、八宝饭,嘉兴的粽子、藕粉饺、虾米套饼、三鲜面,金华的火腿粽、火腿月饼、火腿盖浇面,绍兴的多种米糕(香糕、松花糕团),温州的汤圆、葱油熏酥烧饼、灯盏糕、米塑等也都是名品。

5. 福建小吃

福建地处我国东南沿海,气候暖湿,东临大海,内陆多山林。盛产海味、山珍、水果、水稻、蔬菜等,为福建小吃食品的发展创造了优越的条件。福建的饮食文化历史也很悠久,富有浓郁的地方特色。现今的福建小吃中,最普遍的是壕煎、鱼丸汤、虾面、肉粽子、五香卷、炒米粉。另外,厦门的炒米线、八宝芋泥、甜粽,漳州的手抓面,泉州的冰糖建莲汤、泉茂肉饼、绿豆饼、上元丸等也是相当有名的。

6. 台湾小吃

台湾自古是中国的领土,其居民主要由高山族人、移居过去的福建人及客家人等组成。因此,台湾的小吃面点也主要由上述民族饮食中的小吃面点组成。高山族人的面点多是米粉、芋粉、薯粉做的点心。客家人的面点以米粉、薯粉为主,也有麦面点心"饭"、米丸、粽、面饼。福建移民则将福建各地的面点小吃带了过去,有多种粿、糕、米丸、薄饼、米线等。日本占领台湾时期,日本的寿司、天妇罗等亦很有影响。还有一种叫"半年丸"面点是用红曲染米粉,色红且香,乡土特色十分鲜明。

现今,台湾的小吃主要以夜市为主。台湾著名的十大夜市就是著名的小吃街。如台北的士林夜市、华西街夜市等。台湾的庙口小吃也已成为台湾最热门的旅游景点,如基隆奠济宫庙口、新竹城隍庙口、北埔广和宫庙口等。目前,台湾各县市推出的最著名的小吃有:台北的鼎泰丰小笼包、牛肉面;新北市的九份芋圆、深坑豆腐、鱼酥、铁蛋;基隆市的凤梨酥;桃园县的大溪豆干;新竹的米粉、贡丸;台中市的太阳饼、大甲奶油酥饼;彰化的北斗肉圆、蚵仔煎;嘉义市的方块酥、鸡肉饭;台南市的安平豆花、虾饼、麻豆文旦、碗糕;高雄的美浓板条、甲仙芋头冰;花莲的曾记麻糬;金门的贡糖;妈祖的鱼面等。

七、我国少数民族的花色小吃

我国自古以来就是一个多民族国家,在漫长的历史进程中,各民族共同创造了祖国的历史和文化。清朝建立后,多民族国家进一步巩固和发展。各民族之间交流,包括饮食文化较以前更繁华,使得各少数民族的面点小吃涌现出不少精品,并带有各自的特色。主要有满族、蒙古族、回族、维吾尔族、藏族、白族、壮族、朝鲜族、傣族等小吃。

1. 满族小吃

满族主要生活在东北地区,历史悠久。清代,满族的农业生产更趋发达,作物品种愈来愈多,尤其满族善种五谷杂粮,擅制米面食品,创制了许多富有民族特色的食品。据记载,主要有煎饼、烙饼、烧饼、馒头、卷子、面条、饸饹、包子、糕等。其中,最著名的是沙琪玛、芙蓉糕。还有煎饼、苏叶饽饽、菠萝叶饼、黏谷糕、打糕等。现今,沙琪玛是满族最著名的点心,全国有名,各族人民都很喜爱。

2. 蒙古族小吃

蒙古族主要生活在我国北方,西北、东北地区。蒙古族的饮食有着鲜明的民族特色,而以畜牧业为主的蒙古族和以农业为主的蒙古族又有差异。前者多肉食,辅以五谷;后者以五谷、蔬菜为主,辅以肉食。但关于他们的小吃则口味差不多,常有炒面、奶油酥饼、黏豆包等。居住在新疆地区的蒙古族人也喜欢吃一些面食,如湛面、饽饽、蒙古肉饼等。现今,蒙古族最有特色的食品是炒米,还有面条和烙饼、蒙古包子、蒙古馅饼和蒙古糕点新饼等。

牛肉馅饼

3. 回族小吃

回族是我国少数民族中散居全国、分布最广的少数民族,主要聚居在宁夏、甘肃、青海以及河南、河北、山东、云南等省分布较多。

回族在饮食上有自己的习惯,并曾创造出有影响的一批面点小吃,如馓子、切糕、羊杂汤等,还有驴打滚、艾窝窝、栗子糕、豌豆黄、面茶、糖卷果、牛肉粒、爆肚、牛肉罩饼、羊肉串、羊杂碎、手抓肉、油香、面果子、羊肉泡馍等。

油面窝窝

4. 维吾尔族小吃

维吾尔族主要聚居在天山南麓。在饮食上有自己的民族特色。在面点小吃制作上尤为出色。

"馕"是维吾尔族的传统食品。唐代就已有此习俗。到了清代,"馕"的品种更多,有肉馕、油馕,而且有大有小、有厚有薄。用面粉制的馕,耐干耐久,着水即软,利于携带,于沙漠中长途放牧最宜。此外,还有小点、羊肉合子、面条、怀托等。现今,维吾尔族喜吃"馕"的习俗仍未变。

5. 藏族小吃

藏族主要聚居在西藏,以及青海、甘肃、四川、云南的一些地区。藏族历史悠久,饮食也有自己的特色。绝大部分藏族以糌粑为主食,即把青稞炒熟磨成细粉,食用时,拌上浓茶或奶茶、酥油、奶渣、糖等一起食用。糌粑既便于储藏又便于携带,食用时也很方便。在藏族地区,随时可见身上带有羊皮糌粑口袋的人,饿了随时皆可食用。一些地区的藏族还经常食用"足玛"、"炸果子"等。也喜欢酥油茶、奶茶、甜茶、青稞酒,爱吃酸奶、奶酪、奶疙瘩和奶渣等奶制品,最有名的是锅盔和焜锅。

6. 白族小吃

白族多居住在云南大理地区,白族历史悠久,经济文化发展也较早。

白族在饮食上有自己的传统特色。在面点小吃上,以制作米粉、面粉食品著称。明清时期,白族的面点食品有饵丝、饧杖、乳线、粉荔,还有糯米制作的粑粑、粽子、汤团、米线、荞麦面糕、白饼、酥饼等。清代,白族面点以甜品居多,但饵丝、饵块可以荤汤或配料炒食或煮食,柔韧而味美,颇受民众欢迎。

现今,除以前的面点食品外,民众还喜欢腌制的火腿、腊肠、香肠、猪肝、饭肠等精美风味食品。冬天,白族都喜欢大锅牛肉汤,食用时,加上佐料一起吃。

7. 壮族小吃

壮族主要聚居在广西、云南,少数分布在广东、湖南、贵州、四川等地。壮族起源较早,历史悠久,文化底蕴较深,饮食也富有民族和地域特色。在面点小吃上,主要有米、米粉、面粉制作的饼、糍、粽、馒头、饭等。又据清代的记载,广西有春日吃春饼,端午吃粽子的习俗(粽子中有一些名品,如猪仔粽、牛角粽、驼背粽等)。另据民国桂平县记载,壮族的小吃中有十多种米粉点心,如糕、粽、粿、饼等。现今,糍粑、粽子、汤圆、米花糖等皆为壮族喜欢的食品小吃。

韭菜春饼

8. 朝鲜族小吃

我国朝鲜族的小吃历史悠久,很有民族特色,最为著名的小吃有打糕、冷面、松饼等。每逢节庆佳日,打糕是朝鲜族餐桌上必不可少的美点之一。打糕有两种,用糯米制作的为白打糕,用黄米制作的为黄打糕。

冷面是朝鲜族著名的风味小吃,味道独特、甜辣爽口,深受人们的喜爱。冷面又被称作"长寿面"。朝鲜族自古有在农历正月初四中午吃冷面的习俗,认为这一天吃上一碗长长的冷面就会长命百岁。

现今,打糕、冷面仍是朝鲜族最喜欢吃的小吃食品。

9. 傣族小吃

傣族主要居住在云南的西双版纳、德宏、耿马等地。该族历史悠久,起源较早,擅长种植水稻,其主要面点小吃是米及米粉制品,如糯米饭团、糍粑、粽子、饵块、饵丝等。口味以甜为主,多用蜂蜜、糖。如今,傣族仍喜欢上述面点食品,尤其是用竹叶、苇叶或芭蕉叶包成的粽子最受欢迎。

第四节　中式面点的产生和发展

中式面点在我国饮食文化中历史悠久,是我国饮食文化历史中的宝贵财富之一。中式面点制作工艺起源于西周时期,历经春秋、战国、秦汉,以及东汉初期,佛教文化传入,素食点心亦随之发展。到了隋唐,宋元时期,中式面点制作技术随着生产力的发展,面团制作种类增多,馅心多样化,都使面点制作工艺技术得到了较专业和较全面的发展。直到明清时期,尤其是鸦片战争后,西方烹饪文化、西式糕点制作方法的传入,使面点制作技术得到更全面的发展。面团调制、馅心配搭多元化、加温成形方法等多种并用,各种风味流派点心基本形成。

新中国成立后,随着时代的转变、发展,糕点行业已由完全的手工生产转变成向半机械化、半自动化方向发展,特别是改革开放后,食品工业的迅速发展,为糕点制作行业带来了更大的发展空间。各种新型材料的介入,各种新工艺制作技术的产生,使各地的糕点文化得到了更广泛的交流,南式点心北传,北方点心南传,促进了中西风味、南北风味的结合,出现了许多胜似工艺品的精细点心。

中式面点的产生发展划分为以下几个时期:

一、萌芽时期(原始社会后期)

原始社会是中国饮食文化的孕育期,也是中式面点的萌芽时期。在原始社会早期,原始人"茹毛饮血",既谈不上烹饪,也更无面点可言;燧人氏发明人工取火后,我们的祖先学会烧烤之法,把肉类用泥巴裹起来加以烧烤取用,比"茹毛饮血"是一大进步。火不仅能够熟食,而且能"以化腥臊",消除兽类动物的异味,使食物的味道佳美起来。

据目前已知史料,商代以前尚未发现有准确意义上的面点。即使已有谷物,但主要是用石磨盘脱壳后粒食,或是用臼舂捣,脱壳后粒食。其烹饪方法大多是烤、煮、蒸。又据考古发掘,河南洛阳曾出土一件6000年前的陶鏊,当时用来烙饼的。这表明我国在新石器时代可能也有面点了。而在山东的大汶口文化、龙山文化遗址中出土的钵形鼎、盆形鼎,有学者认为是烙饼用的。因而,把中国面点的萌芽时期定在6000年前左右的原始社会是可以的。

钵形鼎

二、初步形成时期(先秦时期)

1. 谷物的生产与发展

面点的出现离不开谷物。早在原始社会末期(六千年前),我们的祖先就学会种植粟等谷物。在仰韶文化的半坡遗址中发现过粟;在河姆渡遗址中发现过水稻种子;在上海的崧泽文化遗址中也发现过水稻种子。这都可证明我国是世界上最早种植谷物和水稻的国家,也是世界上农业发达最早的国家之一。当人们已学会用火在薄石板上烧烤食野生植物籽实的时候,可视作面点的开端。

商周时期,我国的粮食作物生产已有较大发展,品种也已增多。列入五谷的粮食作物已有麦、禾、菽、黍、稻了。其中的麦、稻在谷物中占有重要地位,也是制作面点的重要原料。当时,麦子在我国黄河流域、淮河流域种植增多;稻的种植不仅在南方,在北方也有了水稻的种植。在殷墟出土的甲骨文中也发现有"稻"、"穤(糯)"、"秔(粳)"等字。《诗经》中也有关于水稻生产的描述。其中,禾即粟;菽即豆类;麻即芝麻。可见,先秦时期谷物的生产与发展为面点的出现提供了原料。

2. 谷物加工工具的产生和发展

可以把谷物加工成粉末状,是面点制作的重要条件。谷物加工工具有石磨盘到杵、碓,再到旋转石磨,也经历了漫长的发展过程。考古证明,在战国时代已有了旋转石磨。人们可用此工具磨面,造出了面粉,制作面点也就不成问题了。

3. 面点调料的产生

美味的面点不仅要有原料,还需要有调料才行。在先秦时期,随着生产的发展,调味品也增多了。例如,当时已有盐、饴、蜜、蔗浆、酱、姜、葱、果的酸汁,等等。可以说,甘、酸、苦、咸、辛等五味的调料皆已具备。

油也是面点制作所不可缺少的原料。在先秦时期,没有植物油,只有动物油。常用的动物油有"犬膏"、"豬膏"、"羊脂"、"牛脂"等。

4. 陶器的发明

先秦时期面点的产生、发展与陶器的发明也是分不开的。陶器的发明是饮食史上的一大变革。它不仅可用来放食物,更重要的是可用来蒸煮食物,使烹饪方法多样、食品品种增加。在我国,陶器产生于新石器时代,到商周又有所发展,出现了耐用的陶器。到了周代,陶器更有所发展,且出现了瓷器。这些陶器大部分是作煮、炖食物的炊具来用的。在殷周时期,除陶器进一步发展外,青铜器也迅速发展。在古代青铜器中,出现了为煎炒之用的青铜炊具。

在先秦时期,由于上述条件的具备,致使面点产生得以实现。虽然品种不多,但作为早期的面点还是很有意义的。这些面点有糗、饵、蜜饵、餈、酏食、饼等。从出土文物来看,殷商时期人们已能用米粉制作食品。据目前的史料,西周到战国早期已有面点近20种。专家们在考古中发现了若干古代的面点,如3 000多年前的小米饼、2 500年前的饺子、4 000年前的小米面条(证明中国是世界上食用面条最早的国家),意义十分重大。

三、蓬勃发展时期(汉魏至唐宋时期)

从汉魏开始,面点品种增多,技法迅速发展。并出现面点著作,如北魏的《齐民要术》一书就列有多种面点原料,谷物品种达一百多种。面点的制作工具也较前有较大的进步,如磨、罗、蒸笼、烤炉、铛、甑,及一些模子等成形工具。主要的面点品种增加,约有十余种,如多种饼、糕饵、粔籹等。后又有新品种不断涌现,如馒头、馄饨、水引、春饼、煎饼等约25种之多。

到了唐代,面点业又进一步发展,主要表现为:磨面业的产生,可提供充分的原料;商业的发展促使面点店的出现;饺子、包子、油锤的出现有重要意义;糕、饼、馄饨等旧有品种均出现许多新品种,如花色面点的出现,表现了面点制作技艺的进步;食疗面点涌现是中国传统医学与饮食结合的范例,是一种创造,有深远影响;中外面点开始相互交流(如中国食品东传至日本、胡食西来传入中国),也是世界饮食史上的重要事件。由此,由于面点制作工具的进步,"胡饼"工艺的引进,面点工艺发展发生锐变,形成了中国面点发展史上的第一个高潮。

到了宋代,面点又有新的发展,如品种增加和制作技术进步;一些重要的面点品种,如面条、馄饨、馒头、包子、糕、团等均已成为普遍食肆食品,并演化出许多名品;制作技术大发展,如水调面团、发酵面团、油酥面团等均常见使用;浇头和馅心多样化,荤素原料都可采用;成形方法多样,成熟方法也有多种;已出现了面点流派,如北方、南方、四川等等。

齐民要术—面点制作

四、高潮时期(元明清)

元明清时期是我国面点的高潮时期,尤其是明清。元代虽有发展,但仍较迟缓。但它有一些新特点,如少数民族面点发展较快。在蒙古族、回族、女真等民族的面点中出现不少名品,尤其是有秃秃麻食、八耳塔、高丽栗糕等一批少数民族面点的佳品。汉族和少数民族间的面点交流在扩大,出现不少新品种,如在蒙古宫廷中出现春盘面。煎饼、馒头、糕等面点中也出现了少数民族的品种,如面条中的红丝面,馄饨中的鸡头粉馄饨,馒头中的剪刀馒头、鹿奶脂馒头,烧饼中的牛奶烧饼,糕中的高丽栗糕等。江南面点制作精细,在风味上表现出吴地特色。

明代的面点发展并不快,但面点中却出现不少新品种,如云南的酥饼油线,既用油酥面,又做得"细若丝发"。明代也出现不少花色面点,如一捻酥、香花、芝麻叶、巧花儿等。这些面点形似多种花、叶,或像手指、茭白状,构思较巧妙,工艺上有进步。春节吃年糕、饺子,中秋吃月饼已形成全国风俗。

清代是中国面点发展的高峰阶段。这一阶段的面点有如下特点:

一是中国面点的主要类别至此已经形成,而每一类面点中又派生出许多具体品种,名品众多,数以千计。例如:面条类中有味面条以及多种浇头面、炒面、冷面、抻面、刀削面、河漏等等。

二是中国面点制作技艺更加成熟。原料选用,面团加工,馅心制作,面点成形,面点加热成熟均已积累了成套的经验。

三是中国面点的三大风味流派已经形成,并且与中国风俗的结合更加紧密,许多面点与岁时节日、人生礼仪结合,体现了深厚的文化内涵。

四是中外面点交流进一步发展,中国的一些面点传至日本、朝鲜及东南亚、欧美等地,西方的面包、布丁、蛋糕、西点亦传入中国。通过这种交流也推动了全球面点制作技艺的提高。

五是出现面点作坊和面食店。如长安的长兴坊、辅兴坊卖胡饼,胜业坊卖蒸糕。五代时,南京推出"健康士妙"、春饼能照见字影,馄饨汤可以磨墨;宋代的汴京和临安都有专业饼店数十家。

五、繁荣创新时期(20世纪至今)

新中国成立后,随着时代的转变、发展,糕点行业已由完全的手作生产转变成半机械化,半自动化方向发展,特别是改革开放后,食品工业的迅速发展,为糕点行业制作带来了更大的发展空间。各种新型材料的介入,各种新工艺制作技术,使各地的糕点文化得到了更广泛的交流,南式点心北传,北方点心南传,促进了中西风味,南北风味的结合,出现了许多胜似工艺品的精细点心。

同时,中国的面点小吃也随着我国出境旅游的发展,海外中餐馆的日益增多,进入海外市场,影响日益增大。预计中国的面点小吃会随着中国经济实力的增强越来越多地走向国外。随着我国的入境旅游的迅速发展,海外旅游者大量地来中国游览,中国的美食、面点小吃也将发挥越来越大的吸引力。

中国烹饪是"以味为核心,以养为目的"为准则,中式面点制作工艺应坚持这一方向准则。以快速、科学、营养、卫生、经济、实用等作为当今时代对面点制作的发展要求,努力使面点工艺科学化、适量化、程序化、规范化。

第二章　中式面点制作的基本知识

中式面点的制作离不开制作的基本原料、基本制作方法(包括面团的制作、馅料的配置和面点的成形技法及面点的制熟技艺)和所使用的设备和工具。为此本章简要介绍一下上述内容,以使学员对中式面点的制作有一个概要的了解,为以后的具体制作奠定基础。

第一节　中式面点制作的基本原料

中式面点的基本原料主要由三部分组成:面团原料、馅心、辅助原料。面团原料一般选用小麦制成的面粉、稻米制成的米粉和杂粮等;馅心原料分为咸馅原料、甜馅原料和复合原料;辅助原料是指:水、油脂、发酵、膨松辅料以及辅助料。

一、制作面团原料

(一)面粉

1. 小麦粉的分类和等级标准

我国小麦粉主要分为:等级小麦粉即通用小麦粉、高低筋小麦粉和专用小麦粉等三大类。

(1)等级小麦粉即通用小麦粉(GB1355-86)质量标准有 8 项指标。主要分为加工精度指标和贮藏性能指标。其中的灰粉和粉色、粗细指标主要反映面粉中的麸皮的含量,以反映小麦清理的效率;水分、脂肪酸值以及气味、口味则反映面粉是否有利于贮藏。

加工精度指标依据小麦粉的灰分含量分为:特制一等、特制二等、标准粉和普通粉。

(2)高低筋小麦粉(高筋 GB8607-88,低筋 GB8608-88)质量标准。高筋面粉由硬质小麦加工而成。其加工精度与灰分含量等同对应通用小麦粉特制一等、特制二等。

低筋粉由软质小麦粉加工而成。指标等级对应通用小麦粉特制一等、特制二等。

(3)专用小麦粉质量标准,主要根据加工面食种类分类。具体分为:面包(SB/T10136-93)、面条(SB/T10137-93)、馒头(SB/T10140-93)、饺子(SB/T10138-93)、酥性饼干(SB/T10141-93)、发酵饼干(SB/T10140-93)、蛋糕(SB/T10142-93)、酥性糕点(SB/T10143-93)和自发粉(SB/T10144-93)等 9 类。以面粉中的灰分含量、湿面筋含量、面筋筋力稳定时间及降落值指标不同分为两个等级。其中灰分指标要求达到特一级粉以上,品质指标要比等级小麦粉要求严格。

2. 面粉的化学组成及性质

(1)水分。水分以游离的形式在面粉的组织间隙中,具有流动性;可作为溶媒;会因为加热而蒸发流失;有利于微生物生长繁殖;会结冰。

（2）蛋白质。面粉中含有麦谷蛋白 49％，麦胶蛋白 39％，麦清蛋白 8％，麦球蛋白 4％。

（3）碳水化合物。面粉中的碳水化合物主要是淀粉、可溶性糖和纤维素。

（4）脂肪。一般含量为 1％～2％（所以新粉一般须经过后熟处理后才能使用）。

（5）维生素。面粉中含有的维生素有 B_1、B_2、B_5，维生素 E 的含量较多。

（6）矿物质。面粉中含有的矿物质是钙、钠、钾、镁、铁等。这些矿物质大多以硅酸盐和磷酸盐的形式存在。

（7）酶。主要是淀粉酶与蛋白酶。

3. 面粉的品质鉴定

面粉的品质鉴定主要从含水量、颜色、新鲜度和所含面筋的数量、质量等几个方面进行。

（1）面粉的含水量。国家标准规定，生产的面粉含水量应为 13％～14.5％。鉴定时，手握少量面粉握紧后松手，面粉立即自然松开，说明含水量基本正常；如成团、块状，说明含水量超标。

（2）面粉的色泽。加工精度越高，颜色越白；储存时间过长或储存条件较潮湿，则颜色加深，说明质量降低。

（3）面粉的新鲜度。新鲜面粉用嗅觉的方法检验，嗅之有正常的清香气味；用味觉的方法检验，咀嚼时略有甜味。陈旧面粉有霉味、酸味。变质面粉发霉、结块的不能食用。

（4）面筋的含量和质量。面筋含量是影响面点成品的重要因素。面粉中的面筋含量可用物理方法测定；面筋的质量可测定其弹性、延伸性、比延性（韧性）和流变性。

（二）米粉

米粉视稻谷的结构而定。稻谷，俗称大米，按米粒内所含淀粉的性质分为粳米、籼米和糯米。将其磨成粉，则为粳米粉、籼米粉和糯米粉。米粉的加工方法一般有三种：水磨法、湿磨法和干磨法。水磨粉的特点是粉质细腻，制成的食品软糯滑润，易成熟，但因其含水分较多，很难保存，尤其是夏季易变质；湿磨粉，含水量较多，不易保存；干磨粉相对而言含水量较少，易于保存、运输，但相对而言成品口感较差。

一般粳米粉用于制作年糕、黄松糕等；籼米粉一般用于制作干性糕点，如米线、水晶糕等，其特点比较硬；糯米粉黏性较大，是制作粽子、八宝饭、元宵等各式甜点的主要原料。粳米粉、籼米粉和糯米粉的黏性比较：

糯米粉＞粳米粉＞籼米粉

我国的优质稻米主要有：小站稻米、马坝油占米、桃花米、香粳稻、万年贡米、东北大米、宁夏珍珠米、福建河龙贡米等。其中香粳稻含有丰富的蛋白质、铁、钙；万年贡米含有丰富的蛋白质、维生素 B 和微量元素；东北嫩江湾大米含有多种氨基酸及微量元素，对人体的健康非常有益。

（三）杂粮

杂粮主要有玉米、高粱、小米、黑米、荞麦、薏米、薯类、豆类等。

1. 玉米

玉米的胚特别大，既可磨粉又可制米，没有等级之分只有粗细之别。其粉可作粥、窝头、发糕、菜团、饺子等面点。

玉米粉含有蛋白质、糖分和脂肪,营养丰富。但其韧性差、松而发硬,既可单独制成面点,也可掺和些面粉制成各类发酵面点。

2. 高粱

高粱是我国主要的杂粮之一,可分为有黏性和无黏性两种。用高粱米磨粉可做成糕团、饼等面点。高粱米加工精度高,可消除皮层中所含的一种特殊成分——单宁的不良影响,提高蛋白质的消化吸收率。

3. 小米

小米又称黄米、秫米,也是制作面点的一种原料。小米分为糯性和粳性两类。通常红色、灰色者为糯小米;白色、黄色、橘色者为粳性小米。小米磨成粉可制成饼、蒸糕,也可与其他粮食混合食用。

4. 黑米

黑米属稻类中的一种特质米,又称紫米、墨米、血糯等。黑米呈红色,性糯味香腴,含有谷吡色素等营养成分,并有补血之功效。江苏血糯,颗粒整齐,黏性适中,主要用于制作酒席宴席上的甜点。

5. 荞麦

荞麦,古称乌麦、花荞。荞麦颗粒呈三角形,以籽粒供食用。荞麦的品种很多,主要有甜荞、苦荞、翅荞和米荞等四种。荞麦中所含的蛋白质和淀粉易被人体消化吸收。荞麦的用途广泛,籽粒磨粉可做面条、面片、饼和糕点。

6. 莜麦

莜麦又称燕麦,是燕麦的一种。他是我国的主要杂粮之一。莜麦有一定的可塑性,但无筋性和延续性。莜麦面可做莜面卷、莜面猫耳朵、莜面鱼等。

7. 薏米

薏米又叫苡仁、药玉米。其耐高温,喜生长于向阳、背风和雾气较长的地区。我国湖北、湖南的产量较高。成熟后的薏米呈黑色,果皮坚硬,有光泽,颗粒沉重,果形呈三角形状,出米率高(约40%)。薏米磨成粉,可制成面点。

8. 薯类

薯类常用的有马铃薯、山药、芋头和甘薯等。

(1)马铃薯亦称土豆、洋山芋。其性质软绵、细腻,去皮煮熟捣成泥后,可单独制成煎炸类点心,也可与米粉、熟澄粉掺和,制成薯蓉饼、薯蓉卷及各种象形水果等。

(2)山药又称地栗。其质地超脆,呈透明状,口感软滑而有黏性;可制成山药糕和芝麻糕,也可煮熟去皮捣成泥后与淀粉、面粉、米粉等掺和后,制成各式点心。

(3)红薯又称地瓜、番薯、山芋、白薯、红苕、甘薯等。其含有大量淀粉,质地软糯、味道香甜,蒸熟后去皮与澄粉、米粉搓擦成面胚,包馅后可煎、炸,制成各种点心和小吃。

9. 豆类

在面点中常用的豆类有赤豆、绿豆和黄豆。另外还有豌豆、芸豆等煮熟捣泥也可做成各类点心。如豌豆黄、芸豆卷等。

(1)赤豆又名红小豆,粒大皮薄,红紫有光,豆脐上有白纹者品质最佳。其性质糯软,沙性大,可做红豆凉糕。磨成粉可做点心的馅心。

(2)绿豆以色浓绿、富有光泽、粒大整齐的品质最好。绿豆磨成粉,可制成绿豆糕、绿豆面、绿豆煎饼等面点,也可用绿豆粉做点心的馅心。

（3）黄豆又名大豆,含蛋白质、脂肪丰富,有很高的营养价值。黄豆磨成粉与玉米面掺和可制成团子、小窝头、驴打滚及各色糕点,其制品疏松、柔软、可口。

二、面点馅心原料

面点馅心是指用以制作馅心,以达到调节点心口味的原料,一般分为咸味馅原料、甜味馅原料和复合味馅原料。

调制馅心

（一）甜味馅原料

甜味馅原料主要选用果仁、干果、新鲜水果、蜜饯、豆类等原料。

1. 果仁类

果仁有好多种,常用的主要有瓜子仁(黑瓜籽仁、白瓜籽仁、葵花籽仁)、橄榄仁、松子仁、芝麻、核桃仁、杏仁、花生仁、榧子仁等。其中瓜子仁是制作五仁馅、白果馅的原料之一,也可作为八宝饭、蛋糕等点心的配料。松仁、橄榄仁、芝麻、核桃仁、杏仁、花生仁等也都是五仁馅的原料。

2. 干果类

干果也多种,如白果、腰果、核桃、榛子、板栗等。其中腰果、核桃、榛子均为世界四大干果王之一。它们都可作为糕点的馅心,也可作点缀之用。

3. 水果花草类

水果花草类主要由新鲜的水果、蜜饯、果脯、鲜花等。其中鲜水果原料主要有苹果、梨、山楂、樱桃、草莓、橘子、香蕉、桃、荔枝等。将其制酱,包于面坯内,也可在面坯表面做点缀,起增色调味的作用;鲜花类中尤以桂花、玫瑰花制作的桂花酱、糖玫瑰最为常见。

（二）咸味馅原料

咸味馅原料主要选用畜禽肉类、水产海味类和蔬菜等动植物原料。

1. 畜禽肉类

畜禽肉类系指新鲜的动物性原料，如鸡、猪、牛、羊的肉和肉制品原料等。其中猪肉是中式面点中使用最广泛的制馅原料之一。肉制品原料一般有火腿、腊肠、小红肠、酱鸡、酱鸭、腊肉、肉松等。

2. 水产海味类

水产海味类指：大虾、海参、干贝、鱼类等。大虾亦称对虾、明虾，肉质细嫩、味道鲜美。调馅时要去须、腿、皮壳、沙线。另外虾仁、海米也是制馅的原料；海参有刺参、梅花参等品种，制馅时需要先将其开腹去肠，洗净泥沙后切丁调味；干贝是扇贝闭壳肌的干制品，制馅时先要将其洗净、蒸透，再去掉结缔组织后使用。

3. 鲜干蔬菜类

鲜干蔬菜类是指新鲜的蔬菜、干制的或腌制的蔬菜，也可作为馅心原料。有些蔬菜的叶、根、茎、瓜、果、花等也能用来制作馅心。这些馅心有鲜嫩、清香、爽口等特点。如萝卜丝饼、荠菜馄饨、梅干菜包等。

（三）复合味馅原料

复合味馅原料是指将一部分蔬菜和一部分动物原料经加工、调味或烹调，混合拌制而成的一种咸馅料。这种馅料集中了素馅和荤馅两者之长，营养搭配合理，口味协调，营养丰富，使用广泛。例如：三丁包、梅干菜肉馅包、荠菜肉馄饨、白菜肉馅饺等。

三、面点的辅助原料

面点的辅助原料主要指能够辅助主料成坯，改变主坯性质，使制品美味可口的原料。常用的辅助原料主要有糖、盐、乳、鲜鸡、油脂、食品添加剂等。

（一）糖

在面点制作中常用的糖有蔗糖、饴糖（麦芽糖）和蜂蜜。

糖

1. 蔗糖

蔗糖具体包括白砂糖、绵白糖、冰糖和红糖。在中式面点制作工艺中,加上糖味辅料可以增加甜味,调节口味,提高成品的营养价值;增加面坯发酵速度,改善面点的色泽、美化成品外观,并保持品质的柔软性、延长保存期。

2. 饴糖(麦芽糖)

饴糖的主要成分是麦芽糖,因而人们称其为麦芽糖,其色泽较黄,呈半透明状,有高度的黏稠性,甜味较淡。它可增进成品的香甜气味,增加点心品种,使其更具光泽;也可以提高成品的滋润性和弹性,起绵软作用,还可抗蔗糖结晶,防止上浆制品发烊、发沙。

3. 蜂蜜

蜂蜜是一种黏稠、透明或半透明的胶体状液体。它的营养价值较多,有提高成品营养价值的作用。它还可以增进成品的滋润性和弹性,使其膨松、柔软,独具风味。

（二）食盐

食盐一般分为粗盐、洗涤盐和再制盐(精盐)。盐可改变面团中面筋的物理性质,增强面团的筋力;可使面团的组织结构变得细密,使其显得洁白。还可促进或抑制酵母的繁殖,调节面团的发酵速度。

（三）油脂

中式面点制作中常用的油脂有猪油、黄油和各种植物油。通过它们使制品增加香味,提高营养成分;也可使面团润滑、分层或起酥发松,使制品光滑、油亮、色均,并有抗老化作用,以使成品达到香、脆、酥松的效果。

（四）牛乳制品

在中式面点制作中常用的乳类及其制品有牛乳、炼乳和乳粉。乳制品可以提高面点制品的营养价值,改善面团性能,提高外观性质;还可增加制品的奶香气味,使其风味清雅,并可提高制品的抗老化能力,延长制品的保质期。

牛乳制品

（五）鲜蛋

鲜蛋指鸡蛋、鸭蛋。鲜蛋可提高中式面点制品的营养价值、增加其天然风味、提高制品的疏松度和柔软性，增强制品的抗老化能力，延长其保质期；还可以改变面团的颜色，增强制品的色彩。

（六）食品添加剂

食品添加剂是指能改善食品的品质，增强其色、香、味，以及为防腐、保鲜和加工工艺的需要加入食品中的天然物质或人工合成物质。食品添加剂主要包括：着色剂、膨松剂、食用香精、香料、防腐剂、增稠剂和乳化剂等。

1. 着色剂

着色剂是一种能使食品着色和改善色泽的物质，包括合成色素（赤藓红、胭脂红、柠檬黄等）、食用天然色素（辣椒红、红花黄、杞子黄、杞子蓝、姜黄素等）。

2. 膨松剂

膨松剂是指在面点制作中，使面点制品具有膨松、柔软或酥脆性质的化学物质。有化学膨松剂和生物膨松剂两大类。经常使用的有碳酸氢钠与碳酸氢铵、发酵粉和酵母。

3. 食用香精香料

食用香精香料有多种天然香料与合成香料调配成的混合香料，称为调和香料，我国称其为香精。它可以使某些食品的香气增强，使天然产品的香气稳定、使某些馅料的香气得到补足；也可以赋予某些没有香味的食品有一定的香味和香气；还可以起到矫味作用和替代作用。食用香料是指用于调配食品香味，并使食品增香的物质。在面点制作中使用香料不仅能够增进食欲、有助于消化吸收，且对增加面点的花色品种和提高质量有重要作用。

食用香料属食品添加剂，有天然和合成两类。

天然食品香料中有动物香料和植物香料。

合成食品香料有天然等同食品香料和人造食品香料。其品种多、用量小，大多存在于天然食品中。目前世界上所使用的食品香料品种近2000种。我国已经批准使用的品种也在1000种以上。

在面点制作中经常使用的香精、香料有：肉桂油、玫瑰花油、留兰香油、甜橙油和香草粉。

4. 增稠剂

增稠剂是一种提高食品黏稠度，从而使食品的物理性状发生改变、增强口感并兼有乳化、稳定或使其呈悬浮状态作用的物质。增稠剂主要有：琼脂、明胶、结冻胶等。

5. 乳化剂

乳化剂亦称面团改良剂、抗老化剂、发泡剂等。它是一种多功能的表面活性剂。它能使油脂乳化分散、促进制品体积膨大、柔软疏松，是最理想的抗老化剂。在面点制作中使用它可以推迟面点的老化、延长制品的货架期。

乳化剂的品种很多，主要有天然乳化剂和合成乳化剂两大类，常见的有卵磷脂、脂肪酸甘油酯、山梨脂肪酸酯、蔗糖脂肪酸酯、硬脂酸乳酸钠、硬脂酸乳酸钙等。目前中式面点制作中常使用的乳酸剂主要是蛋糕油和起酥油。

第二节　中式面点制作的基本程序

我国面点的品种繁多,制作技术精湛,手法也较广泛。经过历代的演变,面点制作的程序已经基本形成,一般有五个程序:选择原材料,准备制作工具,加工原料、面团成形、制品成形、制品成熟。其基本过程离不开十道工序:和面、揉面、搓条、下挤、制皮、制馅、上馅、成形、熟制、装盘。这些是中式面点制作的基本功,必须学会,并熟练掌握。

一、和面

和面又称调面,是将面粉与其他辅助材料掺和,并调制成面团的工艺过程。它是整个面点制作中最初的一道工序,是制作面点的重要环节,也是一种重要的基本功。和面的好坏直接影响制品的质量,及其程序操作能否顺利进行。

和面

1. 和面的要求

(1) 掺水要适量,且要视不同的品种、不同的季节和不同的面团而定,掺水不是一次加大水量而是分几次掺入。

(2) 姿势要正确,动作要迅速、干净利落。面和好后要做到手不粘面。

2. 和面的手法

和面的手法大体上有三种:抄拌法、调和法、搅合法。其中使用最广泛的手法是抄拌法。无论是用哪种手法,和好后的面团一般要用干净的湿布盖上,以防面团吃干、干裂。

二、揉面

揉面是在面粉颗粒吸水发生粘连的基础上,经过反复揉搓,使面粉料调和均匀,充分吸收水分形成面团的过程。它是调制面团的关键,可使面团进一步柔软、光滑、增劲。

揉面

1. 揉面的要求

揉面的基本要求如下:一是姿势正确;二是用力适当;三是应朝一个方向揉制,摊开与卷拢有一定的次序和规律;四是揉和的时间长短视面粉吃水量大小、制品要求、劲力大小而定。

2. 揉面的手法

揉面的手法主要分为:捣、揉、揣、摔、擦等几种。其中,揉是调制面团的重要动作。它可以使面团中的淀粉膨胀粘连,蛋白质吸水均匀,形成较密面筋网络,增强面团劲力;揣比揉的劲力更大,可使面团更加均匀。

三、搓条

通过和面、揉面两道工序,可调制出适合各类制品需要的面团。继之,则要为下挤做好准备。搓条是下挤前的准备步骤。它是将揉好的面团用手搓成条状的一个过程。

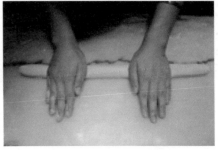

搓条

1. 搓条的要求

搓条应做到以下几点：一是两手着力均匀、平衡；二是要用掌根推搓，不能用掌心；三是搓条长而圆，光洁，粗细一致。

2. 搓条的手法

取一块面团，先拉成长条，后双掌撤在面团上来回推搓，边推边搓，使面条向两侧延伸，逐渐成为粗细均匀的圆形长条。

四、下挤

下挤又称揪剂子，是指将搓条后的面团分割成规格大小一致的面团子的过程。下挤大小直接影响制成品成形的大小、核算成本的标准。

下挤

1. 下挤要求

下挤要求主要有三点：一是剂子大小均匀，重量一致；二是下挤的方向、角度要适合制品的要求；三是挤口利落、不带毛茬。

2. 下挤的手法

根据不同的面团，下挤的手法往往不同。一般有以下几种：

（1）揪挤，又称摘挤。适用于水饺、蒸饺等的制作。

（2）挖挤，又称铲挤。适用于大包、馒头、烧饼等的制作。

（3）切挤，适用于油酥、花卷、大小面头等的制作。

（4）拉挤，适用于馅饼的制作。

（5）剁挤，适用于普通馒头的制作。

五、制皮

制皮是将面剂用手或借助工具制成各种形状扁片的过程。这一道程序的技术性较强，操作方法也比较复杂。这道工序的好坏直接影响下面工序的进行和面点最后成形。它是制作面点的基础操作之一。由于面点品种多样，因而制皮方法也多种多样。

1. 制皮要求

（1）先用手或借助工具，制成皮坯。

（2）必须根据品种的要求、特色及坯料的不同要求和工艺操作。

2. 制皮方法

常见的制皮方法有擀皮、拍皮、按皮、捏皮、压皮、摊皮、敲皮等七种。

擀皮是目前最普遍、最主要的制皮方法,其技术性强、要求较高。由于擀皮适用品种多,因而擀皮的工具和方法也多种多样。常用的擀皮方法制作的皮子有:水饺皮、烧卖皮、油酥坯皮等。

按皮法适用于一般糖包的皮。

捏皮法适用于汤团皮的制作。

摊皮法适用于春卷皮的制作。

敲皮法适用于地方风味特色点心的皮的制作,如鱼皮馄饨等。

制皮

六、制馅

制馅就是面点馅料制作的过程,是多数面点制品的重要组成部分。其作用非常重要。它可以决定面点的口味,影响面点的形状,形成面点的特色和丰富面点的品种。

多数面点品味是由馅决定的。北京都一处烧卖、天津狗不理包子、淮安文楼汤包、广东虾饺等闻名全国的点心,就是以馅心用料考究、制作精细、口味鲜美而出名的。三大面点流派(京式、苏式和广式)的特色就是因其所用馅心的配制不同而形成各自的特色。水饺的品种因馅心的不同而翻了几番。如,因用肉的种类不同,形成了猪肉水饺、羊肉水饺、牛肉水饺、鸡肉水饺和鱼肉水饺等。再如,与素菜匹配,或与各种海产品原料互配,可以形成各种风味的水饺。

1. 馅料的种类

面点馅心原料种类划分如下:

(1)按制作原料划分,可分为:荤馅料、素馅料和荤素馅料。其中荤素馅料比较符合人体营养需求、口味较佳等优点,使用比较普遍。

(2)按工艺方法划分,可分为:生馅料、熟馅料和生熟混合馅料。

(3)按口味划分,可分为:甜馅料、咸馅料两大类。

（4）所处位置不同，可分为：馅料和面臊（卤、浇头）两类。

2. 制馅的要求

（1）原料要切小切细（这是制馅的共同要求）。

（2）黏度和水分要适度控制（这是制馅的两大关键）。

（3）咸馅调味要较一般菜肴稍淡，以免制熟后过咸，失去鲜味。

（4）熟馅制作多需勾芡，以免面点因馅中水分过多，而难于成形。熟馅勾芡，可使制熟后的成品避免出现露馅，或塌底现象。

3. 制馅方法

制馅的方法很多，因馅料种类不同而制作工艺也不同。例如，以甜馅制作工艺而言，首先是选料；其次是去皮、核，熟制；其三是制泥蓉；最后是调味。咸馅的制作也因原料的性质不同而有所不同。以生素馅为例，先是选料、拣择、清洗；其次是刀工处理；其三是去掉水分和异质；最后是调味和拌合（拌好的馅料不宜放置时间过长，最好是随用随拌）。

七、上馅

上馅亦称包馅、打馅，是指在制成的坯皮中间放上调制好的馅料的过程，是制作有馅品种的一道重要工序。它也是面点制作的基本功之一。这道工序的好坏会直接影响至成品的包、捏和成形，必须重视。

上馅

1. 上馅要求

上馅要求能体现品种特色，具体要求做到：一是熟练掌握上馅技术；二是包入的馅量要适当，不能太多，也不能太少，要符合制品的要求。

2. 上馅方法

面点上馅的方法有多种。常用的方法有包馅法、拢上法、夹馅法、卷上法、注入法、滚沾法和酿馅法等。其中包馅法是最常见的上馅方法。如，包子、饺子、汤圆等都用此法。拢上法用于烧卖的制作,夹馅法用于制作三色糕点,卷上法用于制作豆沙花卷,注入法用于制作羊角筒,滚沾法用于制作小元宵、藕粉圆子等,酿馅法用于花色饺子、酿枇杷等。但不论用何种方法,上馅的馅量的多少要视具体的面点品种而定,要注意油量或含糖量多的馅料,上馅量不能多,相同制品上馅的量应相等,不能随意多上或少上。

八、成形

成形是将调制好的面团和馅心结合起来制成各种形态的成品或半成品的过程。它是面点制作程序中的重要环节,是体现面点形式、赋予面点灵魂的关键。

1. 成形方法

成形方法很多,按其特征可分为机械成形法、手工成形法和器具成形法三类。在这儿重点介绍手工成形法。

成形

(1) 手工成形法基本功之一:揉、卷、擀、叠、摊。

揉,是制作比较简单点心的成形方法之一,一般用于馒头的制作。

卷,是各类花卷、油酥类面制作的各类卷酥的点心的成形方法。

擀,是大多数面点成形的一种方法,如各类饼的制作。

叠,是叠成多层次制品的一种手法,叠制后的制品形状要整齐,层次要清晰。

摊,多用于饼类制品,重点可分为两类:一类是边摊边成形、制熟,熟后即食(如各种煎饼);另一类是先摊皮、再包馅、成形、制熟的制品(如春卷)。

(2) 手工成形法基本功之二:包、捏、剪、夹、按。

包,是许多带馅的面点品种制作的方法。如包子、烧卖、馄饨、粽子等。

捏,手法多样,艺术性较强,如水饺、酥饺等。

剪,是利用剪刀等工具在制品表面剪出独特形态的手法。如佛手包、菊花包。

夹,是借助工具对制品进行夹捏而成形的方法,如菊花卷。

按,是指用手掌将包好馅心的生坯按扁成形的方法,如麻饼、馅饼的制作等。

(3) 手工成形法基本功之三:押、切、削、拨。

押,是北方做面条经常使用的方法,但难度较大。

切,一般用于刀切面。

削,这种成形的方法,又称刀削面。

拨,是用筷子将稀软面糊制作成形的一种方法,如拨鱼面的制作。

2. 成形要求

面点成形技术是体现面点艺术价值的关键所在,技艺性要求比较高,难度相对比较大。

面点的成形方法较多,一般视具体品种采用不同的方法。其中有些方法是硬功夫,要求高。如押法,除面团制作要符合要求外,还需要把握正确的姿势、动作和手法的基础上反复练习才能掌握。

九、熟制

熟制又称制熟,是对成形的面点生坯通过各种加热的方法使之成为色、香、味、形俱全的成熟制品的过程。它是面点制作的最后一道工序,也是十分关键的程序。面点的色泽、形态、馅心及味道能否符合顾客的要求,都是由这道工序的好坏决定的。

熟制这道工序的根本作用是使面点由生变熟,成为人们易于消化吸收的可食品。这道工序对面点的色、香、味、形有重大影响。一般面点要求制品的色泽美观、形态完整,就是通过这道工序来实现的。例如,炸、烤制品,要求达到金黄色,色泽要鲜明、光亮,没有糊焦和灰白色,完全取决于熟制技术的掌握。有一些面制品的口味也只有通过熟制才能体现出制品的香味,因为食品通过加热成熟可以去除异味,增加香味;还有食品通过加热成熟,可以对制品杀菌消毒,有利于身体健康。

熟制的方法有很多,通常可分为单加热法和综合加热法(复加热法)。在面点的制熟中运用较多的是单加热法,主要有蒸、煮、炸、煎、烘烤、烙、炒等。这些加热方法有利于保持制品的形态完整、馅心入味、内外成熟一致,并较易实现爽滑、松软、酥脆等要求。

1. 蒸

它是利用水蒸气的热对流作用使面点生坯成熟的一种方法,适用于馒头、包子、米糕、烧卖、花色饺的制熟。

2. 煮

它是利用热水对流的作用使制品成熟的方法,适用于汤圆、水饺、面条、花色粥、汤羹等的制熟。

3. 炸

它是利用油脂的热传导和热对流作用使制品成熟的方法。适用于油条、春卷、麻花、花色酥点的制熟。油炸制品都有香、酥、松、脆和色泽美观的特点。

4. 煎

它是利用热锅及油传导作用,使制品成熟的方法,适用于锅贴、锅饼、煎饼、煎面、生煎包子等的制熟。

5. 烘烤

烘烤是指成形的面点生坯放入烤炉内,通过烤箱(炉)内高温引起的辐射、对流、传导方式把制品烤熟的方法。这种方法适用于蛋糕、酥点、饼类等面点的制熟。这样的烘烤制品具有形状美观、色泽鲜明、富有弹性、容易储存、入口松酥等特点,受到食客们的欢迎。

烤制法是所有熟制方法中传热最复杂的一种,在烘烤过程中,温度、水分、油脂、颜色等均在不断变化,并产生香气。所以,烤制法的技术要求较高,要掌握烤炉火力的调节、控制炉温、调节炉内烘烤温度,掌握好烤制时间,以及合理安排入炉生坯的数量和间隙,选用导热性好的烤盘等。

烘烤

6. 烙

指把成形的面点生坯放在平底锅中，加上炉火，利用金属传热方式致制品成熟的一种方法。这种烙制品多具有吃口韧、内里柔软、色泽呈黄褐色等特点。操作时保持温度适当，及时翻坯移位，以免出现焦煳或夹生现象。

这种方法适用于一些烙饼的制熟，如葱油香烙饼、葱油薄饼等。

7. 炒

指用勺功使面点生坯快速成熟的方法，常用于各种特色风味面点的制熟。操作时要熟练掌握勺功、翻锅技术，要正确运用火候，掌握好成熟时间。

十、装盘

装盘是指加工成熟的面点放入容器中以备上桌的过程。这是中式面点制作程序中的最后一道工序。装盘的方法有好几种，有随意式、整齐式、图案式、点缀式和象形式等。其中整齐式装盘是最常见的装盘方式，适用于包子、春卷、酥饼等。象形式装盘对色彩、造型要求较高，是难度最大的一种方法。在宴席上配合主题的点心装盘多采用这种方法。

秘制核桃酥

金点荷花酥

叉烧包

麻球

面点装盘除了要掌握装盘技术外,还要把好卫生关,以保证面点的质量。

中式面点制作程序见表 2-1。

表 2-1 中式面点制作程序

和面	揉面	搓条	下挤	制皮	制馅	成 形	熟制	装盘
炒拌	捣		揪挤	擀	上馅 包馅	揉、卷、擀、叠、摊	蒸	随意
调和	揉		挖挤	拍	拢上	包、捏、剪、夹、按	煮	整齐
搅和	揣		切挤	按	夹馅	押、切、削、拔	炸	图案
	摔		拉挤	捏	卷上		煎	点缀
	擦		剁挤	压	注入		烘烤	象形
				摊	滚粘		烙	
				敲	酿馅		炒	

第三节　中式面点制作所使用的设备及工具

中式面点制作时使用以手工为主的技术,在整个制作过程中需用多种工具设备。这些设备和工具是指在面点的原料加工、成形、制熟等工序中所借用的一些必备器具。它们在为实现制作要求、提高面点质量、促进制作技术的发展中起着重要的作用。因此,了解这些器具和设备的种类、用途、使用方法及养护知识是非常必要的。本节主要对常用的设备、工具及其使用、养护知识做一些必要的介绍。

一、常用的设备工具

中式面点制作中所用的设备与工具,是直接为面点生产制作而服务的,有较强的使用价值。面点制作中常用的一些机械设备,主要用于制皮与馅心的加工,制品的成形与制熟等工序。它们所起的作用是,有利于操作的进行和技术的发挥(如坯料操作需要案板,成形需要面杖、刀等)、有助于提高制作生产效率,减轻劳动强度(如和面机、切面机、绞肉机、制面机等)。

1. 常用设备

面点制作常用设备包括机械类、案台类、炉灶和铁锅等。

常用设备

（1）机械类。主要有和面机、磨面机、打蛋机、绞肉机、上浆拌馅机以及切面机、饺子机、包子机、制面机等。

（2）案台类。案台是制作面点的工作台。因面点的品种不同，需要使用不同的操作台。主要有：木板案台、石板案台和金属案台三种。其中木板案台结实牢固，表面光滑、无缝隙和木屑，洗刷方便，适用于制作面团、馅料时使用。石板案台只用于制作特色面点的品种时使用。金属案台通常采用不锈钢制成，适用于米粉类、薄皮类点心的制作。

（3）炉灶。炉灶是面点制品制熟工序中主要设备。通常有以下几种：

炉，有电热烘烤炉和燃烧烘烤炉两种。其中电热烘烤炉主要用于烘烤各种中式糕点；燃烧烘烤炉常用来制作锅贴、饺子等小规模制作点心的熟制。

灶，有蒸汽蒸煮灶和燃料蒸煮灶两种。蒸汽蒸煮灶在厨房中的应用较广泛。

炉灶

（4）铁锅。通常铁锅有水锅、高沿锅、平锅等。其中水锅又称斗锅，用于煮饺子、下面条等；高沿锅用于煎锅贴、水煎包等的熟制；平锅又叫饼锅，用于摊煎饼、煎锅贴、烙饼和摊春卷皮等。

（5）蒸笼又称笼屉，一般为圆形，上面配有蒸盖。它有多种规格，专用于蒸制品的熟制。

蒸笼

2. 常用工具

面点常用工具指在中式面点制作中最常用的手工操作用具，因各种制品的所需不同可以使用不同的工具,故又可以分为:制皮工具、成型工具、制熟工具等。这些常用工具在面点手工制作过程中主要起辅助作用,因此要求结实耐用、不变形。

(1)制坯工具。主要有擀面杖。擀面杖的品种较多,有面杖、通心槌、单手杖、双手杖、橄榄仗等。

面杖,有大中小三种,大的约长 24~26 寸,用以擀大块面。中的约长 16 寸,用于擀花卷,饼等。小的约长 10 寸,用于擀饺子皮、包子皮及油酥等小型点心。

通心槌,又名走槌,用于开片和擀烧卖皮等。

单手杖,亦称小面杖,约 8 寸长,两头粗细一致,光滑比直,擀饺子皮用。

双手杖,比单手杖细,擀皮时两根合用,双手并用,用于擀饺子皮,蒸饺皮等。

橄榄杖,中间粗,两头细,形如橄榄,长度比双手杖短,用于擀饺子皮、烧卖皮等。

| 面杖 | 通心槌 | 橄榄杖 |

制坯工具

(2)成形工具。主要有模具(花色点心模)、印模(也称印子,各种形状,底部刻有各种花纹图案及文字)、花钳(制作各种花色点心的钳花成形的专门工具)、花戳(用于坯皮点心的表面造型)和木梳(用于象形花色面点的制作)等。

(3)调馅用料工具。具体有:刀、筷子、馅盒、打蛋桶、蛋抽子等。

(4)制熟工具。具体有笊篱、网罩、漏勺、锅铲。

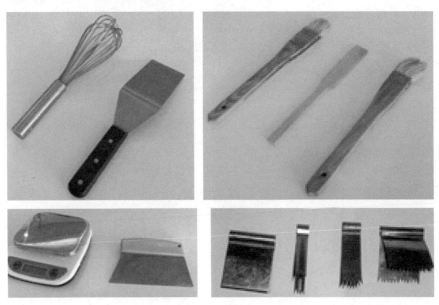

常用工具

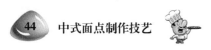

（5）称量工具。主要有盘秤、小型磅秤。

（6）着色、抹油工具。主要有色刷、排刷、毛笔。

（7）其他工具。如石磨、簸箕、量杯、刮板、面杖、铲刀、抹刀、裱花纸、耐热手套、散热网等。

二、常用设备、工具的使用与保养知识

中式面点制作的设备、工具种类多,性能与形状各异。为了充分发挥它们的作用,提高面点制作效率,制作人员必须了解并掌握其相关的使用养护知识。

1. 熟悉性能、正确使用

面点制作人员必须进行有关设备、工具的结构、性能、操作与维护方法及安全知识方面的学习。在未学会前切勿盲目操作。

2. 编号登记,专人保管

因常用设备、工具种类多,故必须适当分类、编号登记,并设专人保管。对于一些常用的炊事设备,需合理设计安装位置;对一般常用工具,要做到"用有定时,放有定点"。

3. 保洁清洁,严格消毒

面点制作常用设备工具的清洁卫生直接影响制品的卫生,意义重大。因此,用具必须保持清洁,并定时进行严格消毒;对生熟制品用具,必须严格分开使用和存放。如案板不能用来切菜、剁肉,更不能兼做吃饭、睡觉之用。

4. 注意维护保养

面点制作工具是面点制作的必须用具,在使用中要注意维护和保养,爱护使用,以提高工具的使用寿命。

5. 重视操作安全

国家专门出台针对食品用设备、设施运行卫生制度(见附1)。因此每一位面点制作人员都要自觉遵守安全责任制度,重视操作和设备使用安全。

附1:

食品用设备、设施运行卫生管理制度

1. 食品处理区应按照原料进入、原料处理、半成品加工、成品供应的流程合理布局设备、设施,防止在操作中产生交叉污染。

2. 配备与生产经营的食品品种、数量相适应的消毒、更衣、盥洗、采光、照明、通风、防腐、防尘、防蝇、防鼠、防虫、洗涤以及处理废水、存放垃圾和废弃物的设备或设施。主要设施宜采用不锈钢,易于维修和清洁。

3. 有效消除老鼠、蟑螂、苍蝇及其他有害昆虫及其滋生条件。加工与用餐场所(所有出入口),设置纱门、纱窗、门帘或空气幕,如木门下端设金属防鼠板,排水沟、排气、排油烟出入口应有网眼孔径小于6毫米的防鼠金属隔栅或网罩;距地面2米高度可设置灭蝇设施;采取有效"除四害"消杀措施。

4. 配置方便使用的从业人员洗手设施,附近设有相应清洗、消毒用品、干手设施和洗手消毒方法标示。宜采用脚踏式、肘动式或感应式等非手动式开关或可自动关闭的开关,并宜提供温水。

5. 食品处理区应采用机械排风、空调等设施,保持良好通风,及时排除潮湿和污油空气。采用空调设施进行通风的,就餐场所空气应符合 GB16153《饭馆(餐厅)卫生标准》要求。

6. 用于加工、贮存食品的工作用具、容器或包装材料和设备应当符合食品安全标准，无异味、耐腐蚀、不易发霉。食品接触面原则上不得使用木质材料(工艺要求必须使用除外)，必须使用木质材料的工具，应保证不会对食品产生污染；加工直接入口食品的宜采用塑料型切配板。

7. 各功能区和食品原料、半成品、成品操作台、刀具、砧板等工作用具，应分开定位存放使用，并有明显标识。

8. 贮存、运输食品，应具有符合保证食品安全所需要求的设备、设施，配备专用车辆和密闭容器，远程运输食品须使用符合要求的专用封闭式冷藏(保温)车。每次使用前应进行有效的清洗消毒，不得将食品与有毒、有害物品一同运输。

9. 应当定期维护食品加工、贮存、陈列、消毒、保洁、保温、冷藏、冷冻等设备与设施，校验计量器具，及时清理清洗，必要时消毒，确保正常运转和使用。

第四节　中式面点制作案例：更岁饺子

为更好地了解中式面点制作的基本程序，熟悉面点制作中所使用的设备、工具，我们以中国传统的更岁饺子为例，综合本章讲述的基本知识，从准备、操作到最终考核都提出了具体的要求，以使读者掌握本章所学的知识。

一、相关知识小贴士

春节是我国最盛大、最热闹的一个古老传统节日。俗称"过年"。按照我国的传统习俗，农历正月初一是"岁之元，月之元，时之元"，是一年的开始。春节的传统的庆祝活动则从除夕一直持续到正月十五元宵节。每到除夕，家家户户阖家欢聚，一起吃年夜饭，称"团年"。其间全家团聚，其乐融融。然后一起守岁，叙旧话新，互相祝贺鼓励。当新年来临时，爆竹烟花将节日的喜庆气氛推向高潮。我国北方地区在此时有吃饺子的习俗，因此，更岁饺子取"更岁"之意。

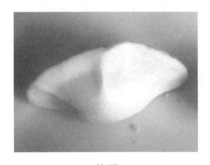

饺子

二、工艺流程

更岁饺子制作工艺流程如下：

和面→揉面→搓条→下剂→制皮→上馅→成形→熟制

三、操作步骤

1. 实训场地准备

设备:案台,炉灶,案板,蒸锅(箱),水锅。

工具:盆,刀,刮皮刀,擦子,笊篱,尺子板,油刷。

2. 实训用品准备

主料:面粉250克,冷水130克。

馅料:猪肉450克,香菇粒100克,笋粒100克。

调料:酱油25克,料酒10克,盐5克,姜末5克,葱花50克,花椒1克,胡椒粉1克,麻油15克,味精2.5克。

3. 具体操作要点

(1) 制馅。猪肉剁碎;冬笋洗净、焯水、切末。猪肉馅放入盆内,加入姜末、料酒、酱油、花椒水、胡椒粉,拌匀加入适量清水,顺一个方向搅拌至肉馅成黏稠状。放入香菇末、笋粒、盐、味精、葱花,淋上少许麻油拌匀待用。

(2) 和面制皮。面粉倒在案板上,加入130克冷水,按照工艺程序制作(具体见木鱼饺)。

(3) 包馅成形。(具体见木鱼饺)

(4) 成熟。用开水煮熟,须点三次冷水。

4. 实训总结

成品特点:色泽本白,无花斑;皮子中间厚四边薄、干粉少;形态饱满、大小均匀;皮薄爽滑筋道,口味咸鲜香、馅心嫩滑有卤汁。

注意事项:煮熟的过程中须点三次冷水。

四、考核评分

项 目		评 分 标 准	配分	扣分原因	实际得分
操作过程	原料准备	原料备齐后开始作业	5		
	工具准备	工具备齐后开始作业	5		
	操作时限	100分钟			
	操作规程	1. 和面分次加水 2. 手持工具(握刀、握尺子板)姿势正确 3. 搅打肉馅方向始终一致 4. 饺子"包"法正确 5. 煮的方法正确	30		
	卫生习惯	1. 工装齐全,干净整齐 2. 工作完成后,工位干净整齐,工具清洗干净,摆放入位 3. 操作过程符合卫生规范	20		
成品质量	成品形状	呈木鱼状	10		
	馅心软硬	馅心嫩滑有卤汁	10		
	成品质感	皮薄爽滑筋道	10		
	成品口味	薄皮大馅、咸鲜适口	10		
合　计			100		

附 2：

课程设计要求

1. 明确教学目标。

2. 提出教学重点。

3. 通过教学使学生由"要我学"转向"我要学"。

技能课：课后练习，能独立完成工艺全过程，达到能用理论指导实践，具有对成品的分析鉴别能力。

4. 学习过程：讲解→示范→练习→归纳→巩固→总结评价(讲解示范、巡视指导)→反馈(填写实习报告)。

实践应用篇

第三章 各面团类的制作与品质鉴定

（初级品种实例）

第一节 制定实训菜单

一、实训教学设计

围绕初级实训项目进行教学设计。实训项目具体为：饺子、小笼、烧卖、包子类、花卷、油酥、酥饼。

二、教学内容与要求

饺子、小笼、烧卖、包子、花卷、油酥、酥饼各面团类的制作与品质鉴定。

三、实训准备工作

1. 实训场地准备
设备：案台、炉灶、案板、蒸锅（箱）、平锅
工具：盆、刀、刮皮刀、擦子、笊篱、尺子板、油刷
2. 实训用品准备
（1）根据教学内容填写实训用品领料单。

领料单 （单位：克）

主料	
馅料	
调料	

（2）工作区域：面点实训室。
（3）工具与器皿要求：清洗干净，完好无损。
（4）教师示范点心教学流程：
讲解→示范→练习→归纳→巩固→总结评价（讲解示范、巡视指导）→反馈
（5）学生点心制作实践要求基本功过硬，掌握基本工艺流程：
和面→揉面→搓条→下剂→制皮→上馅→成形→熟制

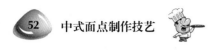

四、教师指导关键点

(1) 面团的调制。

(2) 形态的美观。

(3) 味道的把控。

第二节 （初级）面团类的制作与品质鉴定

一、饺子类

（一）木鱼饺（初级）

【实训目的】掌握水调面团中的冷水调法及品种。

【实训时间】1课时,熟练掌握饺子的各种操作方法。

【实训准备】

1. 实训场地准备

设备:案台,炉灶,案板,蒸锅（箱）,水锅。

工具:盆,刀,刮皮刀,擦子,笊篱,尺子板,油刷。

2. 实训用品准备

主料:中筋粉250克,低筋粉30克,冷水140克。

馅料:夹心肉末500克。

调料:黄酒5克,生抽5克,水100克,盐10克,味精7克,糖12克,姜末、葱花少许,胡椒粉和麻油适量。

【相关知识小贴士】

水调面团,即用水与面粉调制的面坯。因水温不同,又可分为冷水面坯（水温在30℃以下）、温水面坯（水温在50℃～60℃左右）和热水面坯（水温在80℃～100℃,又叫沸水面坯或烫面）等三种。

【实训内容】

1. 操作过程

(1) 和面、制皮。

和面:第一步:面粉混合后开窝,加入一半水。用刮刀把一部分面粉刮到水中,注意最外层的面粉不要刮,防止塌方。当水吃进面粉里后不能流动时,用双手搓面粉成均匀的雪花状。

第二步:再次把面粉开窝,再加入一半的水（约总量的四分之一）,方法同第一次。

将面粉搓成了一串串的葡萄状,把剩下的水加完。

揉面:双手交替揉面,直至看不到干粉。边折叠面团,边继续揉搓,直到折叠的边缘光滑。

将面团搓成十厘米左右粗的条状,收口向下,盖湿布松弛一会。

制皮:面团搓成长条状,摘剂子,每个剂子重8克,剂子竖放。把剂子从竖方向压扁,用擀棍擀成直径约7厘米的圆形皮坯。

（2）包馅成形。圆形皮坯包8克馅,皮坯对折,从中间开始捏紧。双手大拇指一起再压一次边缘部分,形似木鱼。

（3）成熟。用开水煮熟。

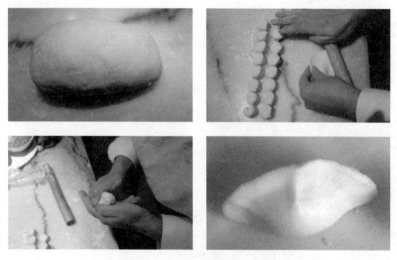

操作过程

2．实训总结

成品特点:鲜咸可口。

注意事项:和面分次加水。

【实训考核】

木鱼饺考核评分表

项　　目		评 分 标 准	配分	扣分原因	实际得分
操作过程	原料准备	原料备齐后开始作业	5		
	工具准备	工具备齐后开始作业	5		
	操作时限	100 分钟			
	操作规程	1．和面分次加水 2．手持工具姿势正确 3．搅拌肉馅方向始终一致 4．手势正确	30		
	卫生习惯	1．工装齐全,干净整齐 2．工作完成后,工位干净整齐,工具清洗干净,摆放入位 3．过程符合卫生规范	20		
成品质量	成品形状	木鱼状	10		
	馅心软硬	软硬适中	10		
	成品质感	美观大方	10		
	成品口味	鲜咸可口	10		
合　　计			100		

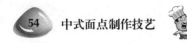

（二）冠顶饺

【实训目的】熟练掌握水调面团中的花式饺子捏法。

【实训时间】1课时,反复练习推花手法。

【实训准备】

1. 实训场地准备

设备:案台,炉灶,案板,蒸锅(箱),水锅。

工具:盆,刀,刮皮刀,擦子,笊篱,尺子板,油刷。

2. 实训用品准备

主料:精面粉250克,温水135克。

馅料:猪肉(肥三瘦七)150克,水发干贝、水发香菇各25克,熟火腿20克。

调料:芝麻油20克,酱油10克,味精1克,胡椒粉0.5克,精盐5克,骨清汤50克。

冠顶饺

【相关知识小贴士】

制作冠顶饺的皮坯是用温水调制而成,用温水能使面粉中的蛋白质一半变性,淀粉一半糊化,而且面团柔中有劲,富有可塑性,制成成品时,容易成形,煮制后也不易走样,口感适中,色泽较白。这种做法,特别适用于制作各种花色蒸饺。

【实训内容】

1. 操作过程

(1) 制馅。将干贝洗净,去掉老筋,入笼用旺火蒸发,取出后晾凉撕碎。香菇洗净去蒂,切成末。熟火腿切成小丁。猪肉洗净,剁成肉茸,盛入碗内,加入碎干贝、香菇末、胡椒粉、精盐、味精、酱油、芝麻油拌匀,再加入骨清汤拌匀即成馅料。

(2) 和面、制皮。面粉过罗筛,放案板上,中间扒一小窝,加入温水50克拌匀揉透;将揉好的面团搓成细条,摘成12个剂子;逐个将剂子擀成直径约8.5厘米的薄圆皮。

(3) 包馅成形。将擀好的皮子按三等分对折成角,将皮子翻转,光的一面朝上,中间放入肉馅15克,将三个角同时向中间捏拢,然后用食指和拇指推出花边;再将后面折起的面依然翻出,顶端留一小孔,填入火腿末。

(4) 成熟。入笼蒸约10分钟即成。

冠顶饺制作过程

2. 实训总结

成品特点：造型别致，皮薄馅鲜。

注意事项：

（1）猪肉茸加骨清汤后要朝一个方向搅拌，边加汤边搅拌，搅至汤与肉茸完全融合为宜。

（2）面团要揉匀静饧，揉至光滑为宜。

（3）入笼用沸水旺火速蒸，蒸至表面光滑不粘手即可。

【实训考核】

冠顶饺考核评分表

项 目		评 分 标 准	配分	扣分原因	实际得分
操作过程	原料准备	原料备齐后开始作业	5		
	工具准备	工具备齐后开始作业	5		
	操作时限	100分钟			
	操作规程	1. 和面分次加水 2. 手持工具姿势正确 3. 搅拌肉馅方向始终一致 4. 推花手法是否正确 5. 生坯放笼是否整齐	30		
	卫生习惯	1. 工装齐全，干净整齐 2. 工作完成后，工位干净整齐，工具清洗干净，摆放入位 3. 过程符合卫生规范	20		
成品质量	成品形状	呈三角状带花边	10		
	馅心软硬	馅心稍硬	10		
	成品质感	馅大卤多美观	10		
	成品口味	鲜香	10		
合 计			100		

（三）江南一品饺

【实训目的】掌握水调面团中的花色蒸饺品种。

【实训时间】1课时，反复练习手法。

【实训准备】

1. 实训场地准备

设备：案台，炉灶，案板，蒸锅（箱），水锅。

工具：盆，刀，刮皮刀，擦子，笊篱，尺子板，油刷。

江南一品饺

2. 实训用品准备

主料:澄粉 200 克,生粉 50 克,熟猪油 15 克,开水 140 克。

馅料:虾仁 300 克,肥肉 40 克,蛋白 10 克。

调料:盐 2 克,糖 3 克,味精 2 克等。

【相关知识小贴士】

虾的蛋白质、钾、钠、钙、铁、磷等含量高,脂肪含量较少,维生素 A、维生素 E 的含量也比较丰富,有很高的营养价值。我国传统医学认为虾具有补肾壮阳、通下乳汁的作用。

食虾仁的忌讳:虾含有比较丰富的蛋白质、钙等营养物质。如果把它们与含有鞣酸的水果,如葡萄、石榴、山楂、柿子等同食,不仅会降低蛋白质的营养价值,而且其鞣酸和钙离子结合易形成不溶性结合物刺激肠胃,引起人体不适,出现呕吐、头晕、恶心和腹痛腹泻等症状。因此,海鲜与这些水果同吃至少应间隔 2 小时。

【实训内容】

1. 操作过程

(1)馅料调制。虾肉、肥肉粒、蛋白、调味料拌匀。将猪肉剁碎放入盐、味精、色拉油、葱姜汁顺一个方向搅匀。

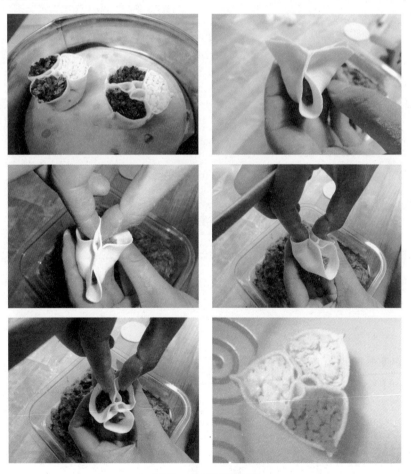

江南一品饺制作过程

（2）和面、制皮。澄粉、生粉加入开水揉成面团,放入猪油擦透成坯皮面团,待用。搓条下剂子,擀成圆皮。

（3）包馅成形。圆皮中间放入鲜肉馅,用手捏成三角形,生坯成形。三角中间有三个口,每个口内放入虾仁、火腿、青菜馅,做成品字形。

（4）成熟。将江南一品饺生坯入蒸箱,蒸熟。

2. 实训总结

成品特点:馅身干洁,滑嫩,鲜美。

注意事项:

（1）虾仁在拌馅时常有脱水现象,所以虾仁在拌味前应剁细后用少量油爆炒一下。

（2）起锅后沥干水分,再调入各种味料和辅料,这样制出的馅就不会有脱水现象。

【实训考核】

江南一品饺考核评分表

项　目		评分标准	配分	扣分原因	实际得分
操作过程	原料准备	原料备齐后开始作业	5		
	工具准备	工具备齐后开始作业	5		
	操作时限	100分钟			
	操作规程	1. 和面分次加水 2. 手持工具姿势正确 3. 搅拌馅心方向始终一致 4. 手法、正确 5. 生坯摆放整齐	30		
	卫生习惯	1. 齐全,干净整齐 2. 作完成后,工位干净整齐,工具清洗干净,摆放入位 3. 过程符合卫生规范	20		
成品质量	成品形状	形像品字	10		
	馅心软硬	稍硬为佳	10		
	成品质感	馅大卤多美观	10		
	成品口味	鲜香美味	10		
合　计			100		

二、包子类

（一）鲜肉小笼

【实训目的】掌握水调面团中的品种。

【实训时间】2课时,反复练习手法。

【实训准备】

1. 实训场地准备

设备:案台,炉灶,案板,蒸锅（箱）,水锅。

工具:盆,刀,刮皮刀,擦子,笊篱,尺子板,油刷。

2. 实训用品准备

主料:小麦面粉 250 克。

馅料:猪夹心肉(软五花)500 克,肉皮清冻 350 克。

调料:老抽 20 克,生抽 10 克,味精 3 克,盐 10 克,姜汁 5 克,白糖 12 克,香油 15 克。

鲜肉小笼

【相关知识小贴士】

肉皮清冻的制法:肉皮清冻是用猪肉皮加水熬制而成的胶冻。它选用新鲜猪肉皮,刮净毛,下沸水锅中焯一下捞出,倒去污水。将肉皮放入原锅,加水至肉皮的 3~4 倍,置旺火上烧沸后,移至小火上焖煮至酥熟,切末(或用绞肉机绞碎),放回原锅,用旺火熬至烊化成浓乳汁时,倒入盛器,滤去渣质,冷却后放入冰箱冻结即成(冬天也可自然冷冻)。

【实训内容】

1. 操作过程

(1)制馅。肉切碎斩末(或用绞肉机绞碎),加入盐、酱油、味精、葱姜汁、香油搅拌均匀;加入绞碎的肉皮清冻,一起拌匀制成肉馅。

(2)和面、制皮。面粉留起 50 克左右做燥粉,其余用温水揉和成面团,静置片刻。将面团搓成长条,摘剂子 100 个,擀成直径约 5 厘米,中间厚边缘薄的圆形皮子。

(3)包馅成形。将馅心分成 10 份,每份包 10 只。将肉馅置坯皮的中间,沿边将皮子提捏折褶(每只约折 13 裥),收紧口。

(4)成熟。包好的包子排放入小笼,上蒸笼用旺火沸水(或蒸气)蒸 10 分钟左右成熟即可。

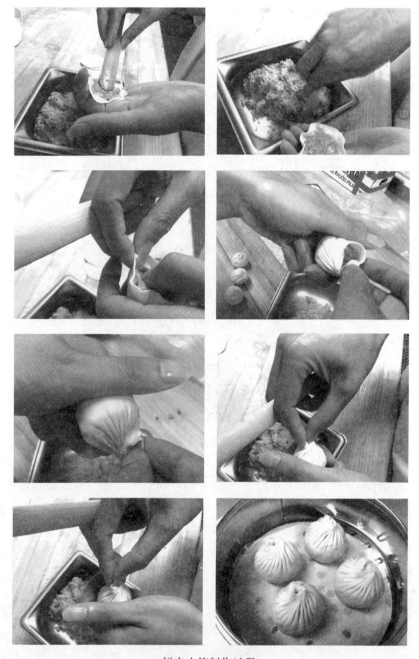

鲜肉小笼制作过程

2. 实训总结

成品特点:汤足如泉、皮薄晶莹、味鲜醇厚、浓而不腻。

注意事项:

(1) 笼包的坯皮要揉得略软一些,以便提捏折褶。也有的用略经发酵的面团(称嫩酵面或子酵面)做坯皮,吃时较松软,但不宜久发否则影响口感。

（2）制作肉皮清冻要厚薄适宜，太厚腻口，太薄不易结冻，一般 500 克肉皮，约加水 1500克。

（3）调制馅心，应先放入各种调料与肉末拌匀（也可加少许水），然后再放肉皮清冻，否则肉馅拌不上劲，易松散。

鲜肉小笼考核评分表

项 目		评 分 标 准	配分	扣分原因	实际得分
操作过程	原料准备	原料备齐后开始作业	5		
	工具准备	工具备齐后开始作业	5		
	操作时限	100 分钟			
	操作规程	1. 和面分次加水 2. 手持工具姿势正确 3. 搅拌馅心方向始终一致 4. 手法、正确 5. 生坯摆放整齐	30		
	卫生习惯	1. 齐全，干净整齐 2. 作完成后，工位干净整齐，工具清洗干净，摆放入位 3. 过程符合卫生规范	20		
成品质量	成品形状	饱满	10		
	馅心软硬	适度	10		
	成品质感	皮薄晶莹	10		
	成品口味	味鲜醇厚、浓而不腻	10		
合 计			100		

（二）虾仁烧卖

【实训目的】熟练掌握水调面团中的开水面团，以及擀制烧卖皮。

【实训时间】2 课时，反复练习擀制烧卖皮。

【实训准备】

1. 实训场地准备

设备：案台，炉灶，案板，蒸锅（箱），平锅。

工具：盆，刀，刮皮刀，擦子，笊篱，尺子板，油刷。

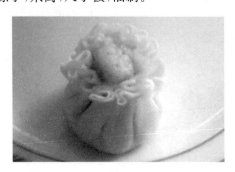

虾仁烧卖

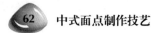

2．实训用品准备

主料：小麦面粉 250 克。

馅料：虾仁 150 克，猪肉(瘦)80 克，豌豆 20 克。

调料：黄酒 15 克，盐 2 克，老抽 10 克，淀粉豌豆 20 克，白糖 3 克。

【相关知识小贴士】

虾仁：虾仁营养丰富，肉质松软，易消化，对身体虚弱以及病后需要调养的人是极好的食物；虾肉中含有丰富的镁，能很好地保护心血管系统，它可减少血液中胆固醇含量，防止动脉硬化，同时还能扩张冠状动脉，有利于预防高血压及心肌梗死；虾肉还有补肾壮阳、通乳抗毒、养血固精、化瘀解毒、益气滋阳、通络止痛、开胃化痰等功效。

猪肉(瘦)：猪肉含有丰富的优质蛋白质和必需的脂肪酸，并提供血红素(有机铁)和促进铁吸收的半胱氨酸，能改善缺铁性贫血；具有补肾养血，滋阴润燥的功效；猪瘦肉相对其他部位的猪肉，含有丰富优质蛋白质、脂肪，胆固醇较少，一般人群均可适量食用。

豌豆：豌豆中富含优质蛋白质、胡萝卜素，可以提高机体的抗病能力和康复能力，增强机体免疫功能，防止人体致癌物质的合成，降低人体癌症的发病率。豌豆中还含有较为丰富的膳食纤维，能促进大肠蠕动，保持大便畅通，起到清洁大肠、防止便秘、抗癌防癌的作用。豌豆与一般蔬菜有所不同，所含的止权酸、赤霉素和植物凝素等物质，还具有抗菌消炎、增强新陈代谢的功能。

小麦面粉：面粉富含蛋白质、碳水化合物、维生素和钙、铁、磷、钾、镁等矿物质，有养心益肾、健脾厚肠、除热止渴的功效，中医认为，小麦主治脏躁、烦热、消渴、泄痢、痈肿、外伤出血及烫伤等。

【实训内容】

1．操作步骤

(1) 制馅。虾仁去肠洗净剁碎，然后连同肉末一起放入大碗中搅拌，加入调料后再搅拌均匀。

(2) 和面、制皮。先用开水，再用冷水和面，这样做出来的面团成形性能好。将面团搓条、下剂(具体过程如水饺)。

将干面粉放在案板上，将剂子放在干面粉中用手压扁，然后上下两面铺上厚厚的面粉，再用橄榄杖先擀出圆形，再将圆皮外边擀成裙褶状的薄皮。

(3) 包馅成形。用烧卖皮将馅包入，用食指与拇指捏紧收口，在上面放一粒蘸有干淀粉(约 10 克)的豌豆或一个虾仁，最后放在涂过油的盘中。

(4) 成熟。上蒸笼用大火蒸 5 分钟即可。

2．实训总结

成品特点：皮薄，馅多，外形美观。

注意事项：

(1) 一定先用开水烫面。

(2) 烧卖皮要中间稍厚，边上薄。

(3) 成品要求铜板底，荷叶边。

虾仁烧卖制作过程

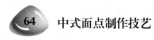

【实训考核】

虾仁烧卖考核评分表

项　目		评 分 标 准	配分	扣分原因	实际得分
操作过程	原料准备	原料备齐后开始作业	5		
	工具准备	工具备齐后开始作业	5		
	操作时限	100分钟			
	操作规程	1. 和面的顺序正确 2. 手持工具势姿正确 3. 馅料的制作是否正确 4. 皮子擀制是否标准，正确 5. 包法是否正确 6. 码屉整齐	30		
	卫生习惯	1. 工装齐全，干净整齐 2. 工作完成后，工位干净整齐，工具清洗干净，摆放入位 3. 操作过程符合卫生规范	20		
成品质量	成品形状	铜板底，荷叶边	10		
	馅心软硬	适中	10		
	成品质感	外形美观	10		
	成品口味	皮薄，馅多	10		
合　计			100		

（三）蔬菜包

【实训目的】掌握发酵面团中的常用品种，及包子的包法。

【实训时间】2课时，反复练习怎样能包好包子。

【实训准备】

1. 实训场地准备

设备：案台，炉灶，案板，蒸锅（箱），平锅。

工具：盆，刀，刮皮刀，擦子，笊篱，尺子板，油刷。

2. 实训用品准备

主料：面粉250克，酵母粉5克，泡打粉2克，白糖2克。

馅料：白萝卜半个，胡萝卜3根，香菇15只，牛蒡1根，适量萝卜叶。

调料：食用油200克，麻油100克，生抽15克，盐6克，鸡精3克。

【相关知识小贴士】

利用酵母菌在其生命活动过程中所产生的二氧化碳和其他部分，使面团膨松而富有弹性，并赋予制品特殊的色、香、味及多孔性结构的过程。

【实训内容】

1. 操作过程

（1）制馅。将上述蔬菜洗净，白萝卜去皮切碎；胡萝卜去皮切碎过油炒一下；香菇切碎；牛蒡去皮切碎，用热水焯一下；萝卜叶切碎。将5种蔬菜混合，放入食用油、香油、酱油、盐、鸡精拌匀。

（2）和面、制皮。将面粉、干酵母粉、泡打粉、白糖放入操作板混匀，加水，再搅拌成块。

用手揉搓成面团,放在台面上反复揉搓。直至面团光洁润滑。用湿布把面团盖上,待发大后。将发面团揉光,搓成长条,切成小团,擀成外薄内厚小圆片备用。

(3) 包馅成形。将擀好的包子皮包入馅,捏成细花纹的包子。包子底垫油纸,放温暖处醒40分钟左右。

(4) 成熟。包子上蒸笼,移入沸水用旺火蒸约15分钟即可。

蔬菜包

2. 实训总结

成品特点:捏褶均匀外形美观。

注意事项:

(1) 蔬菜包一般不收口。

(2) 提褶一般18只左右。

【实训考核】

蔬菜包考核评分表

项　目		评 分 标 准	配分	扣分原因	实际得分
	原料准备	原料备齐后开始作业	5		
	工具准备	工具备齐后开始作业	5		
	操作时限	100分钟			
操作过程	操作规程	1. 和面按标准进行 2. 手持工具姿势正确 3. 菜馅搅拌正确 4. 包法,手法正确 5. 码屉整齐 6. 成熟符合要求	30		
	卫生习惯	1. 工装齐全,干净整齐 2. 工作完成后,工位干净整齐,工具清洗干净,摆放入位 3. 操作过程符合卫生规范	20		
成品质量	成品形状	提褶清晰	10		
	馅心软硬	软硬适中	10		
	成品质感	面团松软色泽洁白,大小均匀,褶纹均匀	10		
	成品口味	咸鲜适中	10		
合　计			100		

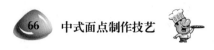

（四）钳花包

【实训目的】熟练掌握发酵面团中的钳花手法。

【实训时间】1课时,反复练习发酵及钳花技巧。

【实训准备】

1. 实训场地准备

设备:案台,炉灶,案板,蒸锅(箱),平锅。

工具:盆,刀,刮皮刀,擦子,笊篱,尺子板,油刷。

钳花包

2. 实训用品准备

主料:面粉250克,泡打粉10克,温水250～260克。

馅料:豆沙300克。

调料:干酵母6克,糖25克,猪油25克。

【相关知识小贴士】

在实际生产中,发酵面团在发酵过程中有氧呼吸与发酵的作用是同时进行的。即氧气充足时则以有氧呼吸为主,当面团内氧气不足时则以发酵为主。在生产实践中,为了使面团充分发起,要有意识地创造条件使酵母进行有氧呼吸,产生大量二氧化碳,在发酵后期要进行多次揿粉,排除二氧化碳气体增加氧气。但是也要适当地创造缺氧发酵条件,以便生成一定量的乙醇及乳酸等,使包子特有风味更加丰富。

【实训内容】

1. 操作步骤

(1)和面。将面粉、泡打粉、糖混合围成溏状,中间放入干酵母加水拌成面团,再揉入猪油。盖上湿毛巾饧发待用。

(2)包馅成形。将面团平均分成20个剂子包入豆沙。用道具钳子把包子加工成花状。将成形的钳花包放置一会儿,让其2次发酵。

(3)成熟。锅内水烧开,上笼蒸10分钟即可。

2. 实训总结

成品特点:外形美观,花纹清晰。

注意事项:钳花手法熟练正确。

钳花包钳花操作过程

【实训考核】

钳花包考核评分表

项　目		评　分　标　准	配分	扣分原因	实际得分
操作过程	原料准备	原料备齐后开始作业	5		
	工具准备	工具备齐后开始作业	5		
	操作时限	100分钟			
	操作规程	1. 和面分次加水 2. 手持工具姿势正确 3. 钳花手法熟练正确 4. 码屉整齐	30		
	卫生习惯	1. 工装齐全，干净整齐 2. 工作完成后，工位干净整齐，工具清洗干净，摆放入位 3. 操作过程符合卫生规范	20		
成品质量	成品形状	呈花状，外形饱满	10		
	馅心软硬	馅心软硬适度	10		
	成品质感	质地松软外形美观	10		
	成品口味	甜味	10		
合　计			100		

（五）豆沙包

【实训目的】熟练掌握发酵面团的特点。

【实训准备】

1. 实训场地准备

设备：案台，炉灶，案板，蒸锅（箱），平锅。

工具：盆，刀，刮皮刀，擦子，笊篱，尺子板，油刷。

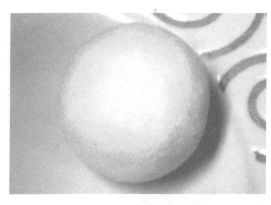

豆沙包

2．实训用品准备：

主料：干酵母 5 克，水 130 克，中筋面粉 250 克。

馅料：甜豆沙 150 克。

调料：低钠盐 2 克。

【相关知识小贴士】

小豆，又名赤小豆，是一种可食的模样似黄豆的红色豆类食物（切忌与红豆相混）。赤小豆含有蛋白质、维生素 B1、维生素 B2、烟酸、钙、铁等营养成分。

面粉含有丰富的碳水化合物、纤维素及维生素 E。

【实训内容】

1．操作步骤

（1）和面、制皮。泡打粉加入面粉及调味料，揉成面团，将面团发酵约 30 分钟。切成 10 等分（豆沙亦分成 10 等分），每份面团擀成中间厚，边缘薄的面皮。

（2）包馅成形。将擀好的面皮包入豆沙后收口捏合。

（3）成熟。置于蒸笼内，以大火蒸 15 分钟即可。

2．实训总结

成品特点：色泽洁白、松软。

注意事项：蒸时间不能太长。

【实训考核】

豆沙包考核评分表

项　目		评 分 标 准	配分	扣分原因	实际得分
操作过程	原料准备	原料备齐后开始作业	5		
	工具准备	工具备齐后开始作业	5		
	操作时限	100 分钟			
	操作规程	1．和面分次加水 2．手持工具姿势正确 3．馅心软硬适中 4．包子手法正确 5．码屉整齐	30		

（续表）

项　目		评　分　标　准	配分	扣分原因	实际得分
操作过程	卫生习惯	1. 工装齐全，干净整齐 2. 工作完成后，工位干净整齐，工具清洗干净，摆放入位 3. 操作过程符合卫生规范	20		
成品质量	成品形状	包子一般18只提褶	10		
	馅心软硬	豆沙软硬度适口	10		
	成品质感	质地松软	10		
	成品口味	香甜	10		
合　计			100		

（六）寿桃包

【实训目的】熟练掌握发酵面团中花式品种及各种手法。

【实训时间】2课时，反复操练手法。

【实训准备】

1. 实训场地准备

设备：案台，炉灶，案板，蒸锅（箱），水锅。

工具：盆，刀，刮皮刀，擦子，笊篱，尺子板，油刷。

2. 实训用品准备

主料：面粉250克，干酵母4克，泡打粉3克，白糖4克，温水125克。

馅料：豆沙馅128克。

调料：碱，可可粉，红色素，菠菜汁。

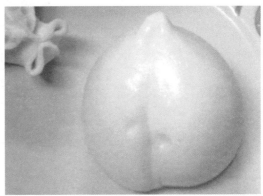

寿桃包

【相关知识小贴士】

寿桃有健康、长寿的寓意，通常在寿宴上都会安排寿桃包作为一道点心。在中国的传统习俗中，人们认为老人吃了寿桃会变年轻进而长寿。因此，每当家中有老年人过生日时，做儿女的都要送寿桃给老人，以祝老人健康、长寿、幸福。

【实训内容】

1. 操作步骤

(1) 和面、制皮。将面粉发酵后,均匀的分成若干小块,擀成皮。

(2) 成形。将擀好的面皮包入豆沙,收口成球形。在球形上捏成尖,用骨板侧压一道缝成桃形。用少量面和菠菜汁混合成叶子,贴在桃底部。

(3) 成熟。上笼蒸制 15 分钟后,给表面撒上红色素。

2. 实训总结

成品特点:形似寿桃,松软甜香。

注意事项:发酵不能太老,要嫩。

【实训考核】

寿桃包考核评分表

项 目		评 分 标 准	配分	扣分原因	实际得分
操作过程	原料准备	原料备齐后开始作业	5		
	工具准备	工具备齐后开始作业	5		
	操作时限	100 分钟			
	操作规程	1. 和面分次加水 2. 手持工具势姿正确 3. 寿桃的操作过程正确 4. 成熟过程掌握 5. 码屉整齐	30		
	卫生习惯	1. 工装齐全,干净整齐 2. 工作完成后,工位干净整齐,工具清洗干净,摆放入位 3. 操作过程符合卫生规范	20		
成品质量	成品形状	形似寿桃	10		
	馅心软硬	馅心稍硬	10		
	成品质感	松软甜香	10		
	成品口味	香松软甜	10		
合 计			100		

三、花卷类

(一)花生豆浆猪蹄卷

【实训目的】掌握发酵面团之花色卷的做法。

【实训时间】1 课时,举一反三练习。

【实训准备】

1. 实训场地准备

设备:案台,炉灶,案板,蒸锅(箱),平锅。

工具:盆,刀,刮皮刀,擦子,笊篱,尺子板,油刷。

花生豆浆猪蹄卷

2．实训用品准备

主料：面粉 250 克，干酵母 3 克。

馅料：花生豆浆 200 克(花生黄豆大米小米燕麦，豆浆机做成)。

调料：玉米油少许。

【相关知识小贴士】

面粉中含有少量蔗糖，部分蔗糖在蔗糖转化酶作用下生成葡萄糖。生产发酵所用的酵母是一种典型的兼性厌氧微生物，其特点是在有氧和无氧条件下都能生活。当酵母在养分供应充足及有足够空气的情况下，呼吸旺盛，细胞增长迅速，能迅速将糖分解成二氧化碳和水；剧烈的呼吸作用，使面团逐渐膨大，当面团中残存的氧消耗尽以后，酵母即转放无氧发酵。此时在乙醇的作用下将糖分解成乙醇及少量的二氧化碳，释放出的能量较少。在整个发酵过程中，酵母代谢是一个很复杂的反应过程；在多种酶的参与下，经过糖解(或称氧氧化)作用由已糖生成丙酮酸，有氧呼吸与糖酵解的前一段作用完全相同，只是从丙酮开始在氧供给充分时，由丙酮以三羧酸循环的方式生成二氧化碳与水；当无氧气供给时，酵母本身含有脱羧酶与脱酶，可将丙酮以过 α-脱羧作用生成乙醛，这便是酵母的有氧呼吸和无氧发酵。

【实训内容】

1．操作步骤

(1) 和面。酵母溶于豆浆(豆浆最好是温的，30 摄氏度左右，拿温水代替也可，但用豆浆做出的味道更香)，加面粉和成面团。盖保鲜膜放置温暖处发酵至两倍大。面团分成十小块，分别揉成圆团，饧发 10 分钟。

(2) 成形。取一块圆面团按扁，擀成包子皮厚度(里外厚度要均匀)。然后刷一层薄油对折，再刷油对折。然后切一刀，卷起，中间收腰一下。

(3) 成熟。凉水入锅烧开，先发 40 分钟，开锅后蒸 10 分钟即可。

2．实训总结

成品特点：形似猪蹄暄软。

注意事项：蒸的时间不能太长。

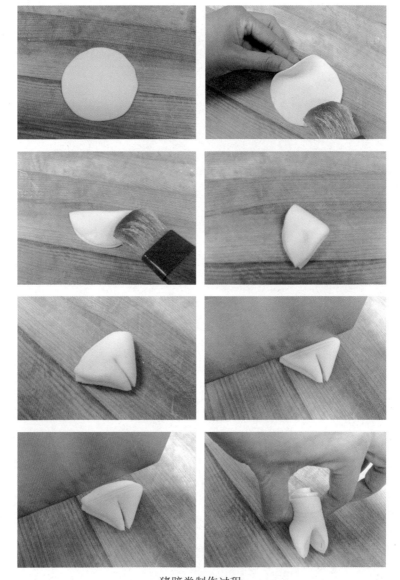

猪蹄卷制作过程

【实训考核】

花生豆浆猪蹄卷考核评分表

项　目		评 分 标 准	配分	扣分原因	实际得分
操作过程	原料准备	原料备齐后开始作业	5		
	工具准备	工具备齐后开始作业	5		
	操作时限	100分钟			
	操作规程	1. 和面分次加水 2. 手持工具姿势正确 3. 卷的手法正确 4. 码屉整齐	30		

（续表）

项 目		评 分 标 准	配分	扣分原因	实际得分
操作过程	卫生习惯	1. 工装齐全，干净整齐 2. 工作完成后，工位干净整齐，工具清洗干净，摆放入位 3. 操作过程符合卫生规范	20		
成品质量	成品形状	猪蹄状	10		
	馅心软硬	面团软硬适合	10		
	成品质感	形状美观	10		
	成品口味	香，咸	10		
合 计			100		

（二）葱油花卷

【实训目的】掌握发酵面团的特点及筋性

【实训时间】1学时

【实训准备】

1. 实训场地准备

设备：案台，炉灶，案板，蒸锅（箱），平锅。

工具：盆，刀，刮皮刀，擦子，笊篱，尺子板，油刷。

2. 实训用品准备

主料：普通面粉250克，牛奶125克。

调料：少许盐，少许植物油，少许葱切葱花。

【相关知识小贴士】

馒头是中国最著名的发酵面食品，被誉为中华面食文化的象征。中国人吃馒头的历史，至少可追溯到战国时期。在《齐书》中记载，朝廷规定太庙祭祀时用"面起饼，入酵面中，令松松然也"。就是最早出现的有关馒头的记载。

花卷是从馒头变化而来，而"葱油花卷"即是在擀成长薄片的发酵面团上，洒上少许盐及葱花，再将之卷起，而称之为"花卷"。蒸制好的花卷馒头葱香浓郁，层层松软的口感是舌尖上的美味享受。

【实训内容】

1. 操作步骤

（1）和面。将发酵粉倒入温牛奶中，搅拌使其混合后静置5分钟左右。

面粉放入盆中，逐渐地加入放有发酵粉的温牛奶并搅拌面粉至絮状；和好的面揉光，把揉好的面团放在盆中，用一块湿布（或者是保鲜膜）盖上，放置温暖处进行发酵；将面团发至两倍大，用手抓起一块面，看内部组织呈蜂窝状，饧发完成。

（2）成形。将发好的面团在案板上用力揉制10分钟左右，揉至光滑，并尽量使面团内部无气泡；擀成0.5厘米厚的面皮。刷薄油，撒盐和葱花；卷起，切段，用筷子按压一下，两边稍微捏合一下。

（3）成熟。放入蒸笼里，盖上盖，让它再饧发10分钟（这步很关键，第二次发酵后蒸出来的更松软）；水烧开后上锅蒸10分钟，时间到后即可。

2. 实训总结

成品特点:膨松、有弹性,卷花美观。

注意事项:根据天气的冷暖确定吃水的多少。

【实训考核】

葱油花卷考核评分表

项　目		评　分　标　准	配分	扣分原因	实际得分
操作过程	原料准备	原料备齐后开始作业	5		
	工具准备	工具备齐后开始作业	5		
	操作时限	100分钟			
	操作规程	1. 和面分次加水 2. 手握工具姿势正确 3. 操作顺序正确 4. 卷的动作正确 5. 码屉整齐	30		
	卫生习惯	1. 工装齐全,干净整齐 2. 工作完成后,工位干净整齐,工具清洗干净,摆放入位 3. 操作过程符合卫生规范	20		
成品质量	成品形状	卷状	10		
	成品软硬	松软	10		
	成品质感	膨松有弹性	10		
	成品口味	咸香鲜适口	10		
合　计			100		

四、油酥类

(一)佛手酥

【实训目的】掌握油酥面团制作,熟练制作油酥品种。

【实训时间】2学时,反复练习油酥的制作方法。

1. 实训场地准备

设备:案台,炉灶,案板,蒸锅(箱),平锅,烤箱。

工具:盆,刀,刮皮刀,擦子,笊篱,尺子板,油刷。

2. 实训用品准备

主料:面粉250克。

馅料:枣泥馅120克。

调料:猪油1000克,鸡蛋1只。

【相关知识小贴士】

油酥面团是起酥制品所用面团的总称。油酥面点有很多种类,可以根据不同的原则加以划分:如根据成品可分为层酥面团和混酥面团两种;根据调制面团时是否放水,又分为干酥和水油酥两种;根据成品表现形式,可分为明酥、暗酥和半明半暗酥三种;根据操作时的手法可分为大包酥和小包酥两种。

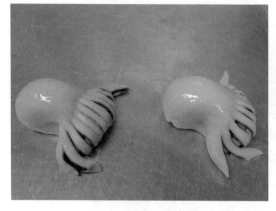
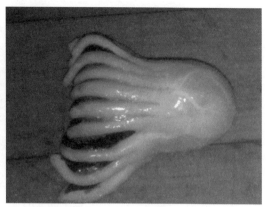

佛手酥

【实训内容】

1. 操作步骤

（1）和面、制皮。面粉100克加猪油50克擦成干油；另取面粉125克加温水50克、猪油25克和成水油面。

用水油面包入干油酥，收口捏紧向上，揿扁，擀成长方形，横叠3层；再擀成长方形，横叠3层；最后擀成长16厘米，宽12厘米的长方形酥皮，用刀修齐四周，改刀4厘米边长的小正方形12块。

（2）包馅成形。在每张酥皮的四周涂上蛋液，中间放入馅心包起，收口朝下，制椭圆形生坯，再在1/2处按扁成铲刀状，用快刀在此切10根条，成10只手指，然后在中间8只指头的反面涂上蛋液，将其中6根手指向反面弯曲，贴在反面的手掌处，再将两边的两条叠在翻进的指头上面粘牢，余下的两根伸直平放成大拇指。将生坯稍微窝起，在中腰处用手捏紧以便成佛手。

（3）成熟。生坯表面刷上蛋液，置烤箱180度烤20分钟。

佛手酥制作过程1

佛手酥制作过程 2

佛手酥制作过程 3

2. 实训总结

成品特点：状如佛手，酥松香甜。

注意事项：

（1）油酥要小包酥，酥层清楚。

（2）烘时要注意温度。

【实训考核】

佛手酥考核评分表

项 目		评 分 标 准	配分	扣分原因	实际得分
操作过程	原料准备	原料备齐后开始作业	5		
	工具准备	工具备齐后开始作业	5		
	操作时限	100分钟			
	操作规程	1. 油酥油面分别操作 2. 油面包油酥 3. 馅心不能太软太硬	30		
	卫生习惯	1. 工装齐全，干净整齐 2. 工作完成后，工位干净整齐，工具清洗干净，摆放入位 3. 操作过程符合卫生规范	20		
成品质量	成品形状	状如佛手	10		
	馅心软硬	适度	10		
	成品质感	表皮金黄	10		
	成品口味	酥松香甜	10		
合 计			100		

（二）甘露酥

【实训目的】学会无筋柔软面团操作。

【实训时间】2课时，反复练习。

【实训准备】

1. 实训场地准备

设备：案台，炉灶，案板，蒸锅（箱），平锅，烘烤箱。

工具：盆，刀，刮皮刀，擦子，笊篱，尺子板，油刷。

2. 实训用品准备

主料：精粉500克，猪油230克，白糖粉180克，鸡蛋100克，苏打5克，食用黄色素少许。

馅料：熟面120克，炒米粉30克，山楂糕120克，香油100克，炸用香油1 000克，白糖粉150克，咸花生仁50克，猪油120克，桂花100克。

【相关知识小贴士】

甘露酥皮是中式面点多糖多油的酥饼之一，质地松化、甜而不腻的饼皮中渗进相当分量的猪油，因而特别香松。这种酥皮可配以各式甜馅或其他用料，制出各种款式的酥饼。

甘露酥

【实训内容】

1. 操作步骤

（1）和面。以蛋浆化糖加入大油、食用黄色素和面，做成皮面待用。

（2）拌馅。把熟面、白糖粉、炒米粉用料、大油、香油拌匀后，加入山楂糕小丁、咸花生仁、桂花一同拌匀。

（3）成形。聚适量面皮，包入馅心，收口捏紧，放烤盘中松弛10分钟。

（4）成熟。烤箱预热10分钟。将生坯刷上蛋液，置烤箱180度烤15～20分钟。

2. 实训总结

成品特点：

（1）规格每千克20～24个，大小均匀。

（2）火色米黄，花边清晰，不露馅。

（3）质地松酥绵软，味酸咸香甜，食之爽口不腻，营养好，易消化。

注意事项：

（1）皮和馅的硬度要一致，馅不能太软否则影响造型。

（2）烤时最适合用中火，如火过旺会外焦内生，火慢则会失去形状，影响质量。

（3）包馅后饼顶部的皮要比底厚。

【实训考核】

甘露酥评分表

项　目		评　分　标　准	配分	扣分原因	实际得分
	原料准备	原料备齐后开始作业	5		
	工具准备	工具备齐后开始作业	5		
	操作时限	100分钟			
操作过程	操作规程	1. 和面分次加水 2. 手持工具姿势正确 3. 拌面粉方向始终一致 4. 生坯摆放整齐	30		
	卫生习惯	1. 工装齐全，干净整齐 2. 工作完成后，工位干净整齐，工具清洗干净，摆放入位 3. 操作过程符合卫生规范	20		

（续表）

项　目		评 分 标 准	配分	扣分原因	实际得分
成品质量	成品形状	底部厚顶部稍尖状	10		
	馅心软硬	软硬适度	10		
	成品质感	色泽鲜艳,光润山形微泻。表面有碧裂状甘香松中带脆	10		
	成品口味	松化,甘香润腻	10		
合　计			100		

（三）凤梨酥

【实训目的】掌握油酥面团的特性、无筋性。

【实训时间】2 学时。

【实训准备】

1. 实训场地准备

设备:案台,炉灶,案板,蒸锅(箱),平锅,烘烤箱。

工具:盆,刀,刮皮刀,擦子,笊篱,尺子板,油刷。

凤梨酥

2. 实训用品准备

主料:水 50 克,糖粉 60 克,奶粉 50 克,小苏打粉 1/4 小匙,低筋面粉,300 克,奶油 150 克,蛋黄 2 个,蛋白 1/2 个。

馅料:凤梨膏约 600 克,酥油适量。

【相关知识小贴士】

"凤梨酥"最早起源于三国时期(公元 220～280 年),相传刘备在迎娶孙权之妹时的婚礼喜饼中便有以凤梨为馅做成的大饼。

因凤梨的闽南话发音为"旺来",象征子孙"旺来"的意思,因此以"凤梨"为馅的饼便成为台湾当地人订婚、结婚时的喜饼。

后来经过不断改良,凤梨饼的个头也变得小巧精致;馅料除了菠萝外,还有冬瓜、松子、栗子等;做法上更是采用了西式的派皮与中式凤梨馅料制成,使之成为外皮酥松化口,内馅甜而不腻的点心酥饼,深受广大民众的喜爱。

【实训内容】

1. 操作步骤

(1) 和面。奶油加入糖粉打至乳白色,慢慢加入混合均匀的蛋液。

奶粉与面粉混合筛过,拌入奶油糊内,将小苏打粉溶于水中后也加入拌匀。

将面团均分,每份约20克,同样将凤梨膏均分,每份约15克。

(2) 成形。将凤梨膏放入作好的面皮中包好,模型上涂一层酥油,将凤梨酥面团装入模型中。

(3) 成熟。以150℃烤25分钟即可。

2. 实训总结

成品特点:酥香可口酥层分明。

注意事项:油酥油面的配比。

【实训考核】

凤梨酥考核评分表

项　目		评　分　标　准	配分	扣分原因	实际得分
	原料准备	原料备齐后开始作业	5		
	工具准备	工具备齐后开始作业	5		
操作过程	操作时限	100分钟			
	操作规程	1. 油酥油面分别操作 2. 操作程序正确手持工具姿势正确 3. 馅心制作规范 4. 起酥动作正确 5. 包馅动作正确	30		
	卫生习惯	1. 工装齐全,干净整齐 2. 工作完成后,工位干净整齐,工具清洗干净,摆放入位 3. 操作过程符合卫生规范	20		
成品质量	成品形状	呈凤梨状	10		
	馅心软硬	馅心软硬适度适口	10		
	成品质感	酥软入口香酥	10		
	成品口味	凤梨香味	10		
合　计			100		

五、酥饼类

(一) 菊花酥饼

【实训目的】掌握油酥面团的花色品种。

【实训时间】2课时,练习中举一反三。

【实训准备】

1. 实训场地准备

设备:案台,炉灶,案板,蒸锅(箱),平锅,烘烤箱。

工具:盆,刀,刮皮刀,擦子,笊篱,尺子板,油刷。

2. 实训用品准备

油皮材料:中筋面粉 200 克,猪油 60 克,水 60 克。

油酥材料:低筋面粉 200 克,猪油 100 克(油量视气温而定,温度高则油量减少)。

馅料:奶油红豆沙 400 克,蛋黄 1 个。

菊花酥饼

【相关知识小贴士】

层酥点心需用水油面团做皮,干油酥面团做馅。因为仅仅用干油酥面团做酥点,虽然可以起酥,但面质过软乏,缺乏筋力和韧性,就是勉强成形,在加热制熟过程中遇热会散碎。为了保证酥点酥松的特点和成形完整,就要用有一定筋力和韧性的面团来作皮料。用水调面团虽然做皮成形效果好,但影响点心酥性。最好的选择是用适量水、油调制的大油面团做皮。这样皮和馅心密切结合,水油酥包住干油酥,经过折叠、擀压,使水油酥与干油酥层层间隔,既有联系,又不粘连;既能使面团性质具有良好的造型和包捏性能,又能使熟制后的成品具有良好的膨松起酥性,成形后既有层次又不散碎。

【实训内容】

1. 操作步骤

(1) 和面、制皮。将油皮、油酥材料各自揉成团状,并分为 20 等分,馅料揉匀后均分为 20 份。

每一份油皮揉圆后压平,包入一个油酥,收口捏紧,用擀面杖将包好的油酥皮擀成牛舌饼状,卷起放平,再擀一次,成长条状,卷起后放正(螺旋的两面,一面向前,一面朝向自己),最后再擀一次,即可擀压成一张圆皮。

(2) 包馅成形。将馅料包入油酥皮中,揉成圆形后稍压成扁平状,再用刀切出等分的刀口,依顺时钟方向逐一向上翻成菊花状放入盘中。

(3) 成熟。涂上蛋黄液后放入已预热的烤箱,以 150℃烤 20 分钟即可。

2. 实训总结

成品特点:口味酥香,形态美观。

注意事项:规格不能大,切口不能太少。

操作过程

【实训考核】

菊花酥饼考核评分表

项　目		评　分　标　准	配分	扣分原因	实际得分
操作过程	原料准备	原料备齐后开始作业	5		
	工具准备	工具备齐后开始作业	5		
	操作时限	100 分钟			
	操作规程	1. 油酥油面分别操作 2. 手持工具姿势正确 3. 包法正确 4. 生坯整齐码放 5. 烘烤箱正确使用	30		
	卫生习惯	1. 工装齐全,干净整齐 2. 工作完成后,工位干净整齐,工具清洗干净,摆放入位 3. 操作过程符合卫生规范	20		
成品质量	成品形状	形像菊花美观大方	10		
	馅心软硬	软硬适中	10		
	成品质感	成品淡黄,起酥要均匀,层次要清晰	10		
	成品口味	香甜	10		
合　计			100		

（二）蟹壳黄

【实训目的】掌握油酥面团的品种。

【实训时间】2 课时,练习中举一反三。

【实训准备】

1. 实训场地准备

设备:案台,炉灶,案板,蒸锅(箱),平锅,烘烤箱。

工具:盆,刀,刮皮刀,擦子,笊篱,尺子板,油刷。

蟹壳黄

2. 实训用品准备

主料：中筋面粉 160 克，泡打粉 1 克，糖 15 克，温水 70 毫升，猪油 56 克，干酵母 2 克（油酥：低筋面粉 150 克，猪油 70 克）。

馅料：青葱末 100 克，夹肥猪肉末 120 克，盐 2 匙，黑胡椒碎粒适量。

装饰：蛋黄 1 个，白芝麻适量。

【相关知识小贴士】

上海十大名点心之首的蟹壳黄因其形圆色黄似蟹壳而得名。蟹壳黄因味美咸甜适口，"未见饼家先闻香，入口酥皮纷纷下"而深受广大消费者的欢迎。

蟹壳黄的馅心有咸、甜两种。咸味的有葱油、鲜肉、蟹粉、虾仁等，甜的有白糖、玫瑰、豆沙、枣泥等品种。

【实训内容】

1. 操作步骤

（1）制馅。将青葱末、猪肉末、盐和黑胡椒拌匀备用。

（2）和面制皮。干酵母用 1/3 的温水溶解备用。将中粉、泡打粉和糖拌匀，加入温水，用擀面杖搅拌至片状。加入猪油和溶解的酵母，揉至光滑，包上保鲜膜松醒 15 分钟后，分割为每个 15 克左右的小面团备用。

将所有油酥的材料揉成团，分为每个约 10 克的小油酥，搓圆，取一个油皮包入一个油酥，包好收口捏紧。

用掌心压扁，擀成牛舌状，由下往上卷起。换一方向，压扁，再擀卷一次，盖上保鲜膜松饧 15 分钟。

将油酥皮两端往中间捏合压扁，层次面朝上，用擀饺子皮的方法，将油酥皮擀成中间稍厚的圆形片状。

（3）包馅成形。包入适量的内馅，收口捏紧后朝下排放在烤盘中。

（4）成熟。刷上蛋黄液，洒上芝麻，放入烤箱，加温达 180℃、约烤 25 分钟即可。

2. 实训总结

成品特点：色呈褐黄，形状酷似煮熟的蟹壳，故取名"蟹壳黄"。

注意事项：外酥内香，有葱油、鲜肉、白糖、豆沙等多种不同的馅，味道各异，口感独特。

【实训考核】

蟹壳黄考核评分表

项　目		评　分　标　准	配分	扣分原因	实际得分
操作过程	原料准备	原料备齐后开始作业	5		
	工具准备	工具备齐后开始作业	5		
	操作时限	100 分钟			
	操作规程	1. 油酥油面分别操作 2. 手持工具姿势正确 3. 包法正确酥 4. 生坯整齐码放 5. 烘烤箱正确使用	30		

（续表）

项　目		评 分 标 准	配分	扣分原因	实际得分
操作过程	卫生习惯	1. 工装齐全，干净整齐 2. 工作完成后，工位干净整齐，工具清洗干净，摆放入位 3. 操作过程符合卫生规范	20		
成品质量	成品形状	形状酷似煮熟的蟹壳	10		
	馅心软硬	软硬适中	10		
	成品质感	色呈褐黄	10		
	成品口味	外酥内香	10		
合　计			100		

（三）三丝眉毛酥（明酥）

【实训目的】掌握油酥面团的制作。

【实训时间】100分钟。

【实训准备】

1. 实训场地准备

设备：案台，炉灶，案板，蒸锅（箱），水锅。

工具：盆，刀，刮皮刀，擦子，笊篱，尺子板，油刷。

2. 实训用品准备

主料：干油酥：低筋粉100克，熟猪油50克；水油酥：低筋粉150克，熟猪油30克，水70克左右。

三丝眉毛酥

馅料:肉丝 75 克,笋丝 40 克,香菇丝 40 克。

调料:葱 5 克,姜 2 克,精盐 3 克,生抽 5 克,麻油 5 克,味精 2.5 克,白糖 2.5 克,胡椒粉 0.5 克,料酒 10 克,清汤 50 克,湿淀粉 25 克,大油 15 克。

【相关知识小贴士】

工艺流程:和面→开酥→卷筒→下剂→制皮→上馅→成形→熟制。

【实训内容】

1. 操作步骤

(1) 制馅。将所有的馅料制成熟馅待用。

(2) 和面、制皮。将干油酥、水油酥按比例制成面团。

(3) 将干油酥面团包入水油酥面团,擀制成油酥面团,用小包酥的方法制成明酥。用刀切成剂子每个约 15 克。用擀面杖轻轻将剂子擀成直径为 6 厘米的皮子。

(4) 包馅成形。中间放入馅心 10 克,捏成卷边形眉毛状。

操作过程

(5) 成熟。放入三四成油温里氽炸起酥层,复炸至金黄色即可。

2. 实训总结

成品特点:形似眉毛、大小均匀、绞边整齐;酥层清晰、吃口酥松。

注意事项:选择新鲜的油,低油温氽炸。

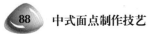

【实训考核】

三丝眉毛酥(明酥)考核评分表

项 目		评 分 标 准	配分	扣分原因	实际得分
操作过程	原料准备	原料备齐后开始作业	5		
	工具准备	工具备齐后开始作业	5		
	操作时限	100 分钟			
	操作规程	1. 和成油酥面 2. 手持工具(握刀、握尺子板)姿势正确 3. 三丝馅的制作正确 4. 油酥面团开酥方法正确 5. 三成油温氽炸 6. 成淡黄色	30		
	卫生习惯	1. 工装齐全,干净整齐 2. 工作完成后,工位干净整齐,工具清洗干净,摆放入位 3. 操作过程符合卫生规范	20		
成品质量	成品形状	呈眉毛状	10		
	馅心软硬	馅心松嫩	10		
	成品质感	酥层清晰、吃口酥松	10		
	成品口味	咸香适口	10		
合 计			100		

六、其他

(一)菜团子

【实训目的】掌握无筋力、无韧性、无粘性面坯"包"制技术和手法。

【实训时间】2 学时。以 350 克玉米面,重复练习成型手法 20 次。

【实训准备】

1. 实训场地准备

设备:案台,炉灶,案板,蒸锅(箱),水锅。

工具:盆,刀,刮皮刀,擦子,笊篱,尺子板,油刷。

2. 实训用品准备

主料:玉米面 350 克,水约 300 克,小苏打 3 克。

馅料:肥瘦肉馅 250 克,胡萝卜 300 克。

调料:花椒少许,盐少许,料酒少许,酱油少许,葱 50 克,姜 10 克,大油 50 克,鸡精少许,五香粉少许,香油少许。

【相关知识小贴士】

玉米在我国广有栽种,也是我国部分地区百姓的主要粮食,但是以玉米为主食的地区,人们往往容易患癞皮病,这主要是维生素 B_5 缺乏所致。

玉米中含的维生素 B_5 并不低,甚至高于大米,但是玉米中的维生素 B_5 为结合型,不易被人体吸收利用。如果加入少量的小苏打,则可使大量游离的维生素 B_5 从结合型的玉米中释放出来,从而被人体利用。所以,以玉米为主要原料做点心时,可以放一点小苏打。

玉米面只有粗细之分,没有等级差别。玉米面的粗细与工艺中的吃水量有直接关系。"分次加水,静置饧面"是保证成品口感暄软的基本条件。

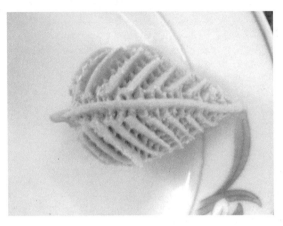

菜团子

【实训内容】

1．操作步骤

(1)和面。将玉米面放入盆内,加入小苏打,清水分次加入,和匀静置饧面,待用。

(2)制馅。萝卜洗净,用刀切去头尾,用刮皮刀刮去表皮,用擦子将萝卜擦成细丝;葱、姜洗净,用刀切成葱花、姜末;花椒用开水浸泡,待用。

水锅内加入水,上火烧开,将萝卜丝倒入沸水中焯水。用笊篱将焯过水的萝卜丝捞出,晾凉后挤出水分。

肉馅放入盆中,用盐、料酒、酱油搅拌均匀入味,分次加入少量花椒水,用尺子板顺一个方向不断搅拌使肉馅上劲,再放入葱花、姜末拌匀,加入萝卜丝拌匀,最后加入鸡精、五香粉、香油调味。

(3)包馅成形。取 35 克玉米面坯在手中拍成皮坯,上馅后双手将馅包入面坯中,生坯呈团状或做成叶状,用工具在表面剞出花纹。

(4)成熟。笼屉立放,用刷子蘸植物油将屉刷均匀。将菜团生坯整齐地码在屉上。入蒸箱,旺火蒸 15 分钟。

2．实训总结

成品特点:薄皮大馅,暄而不散,咸鲜味浓。

注意事项:

(1)面坯的吃水量与玉米面的粗细有关,玉米面粗,吃水量稍多一些。

(2)静置饧面时间长一些为好,玉米面吃水少,面硬易干裂;但是吃水太多,面软易坍塌,难以成形。

(3)馅心不宜过软,否则会影响成品形态。

【实训考核】

菜团子考核评分表

项 目		评 分 标 准	配分	扣分原因	实际得分
操作过程	原料准备	原料备齐后开始作业	5		
	工具准备	工具备齐后开始作业	5		
	操作时限	100分钟			
	操作规程	1. 和面分次加水 2. 手持工具(握刀、握尺子板)姿势正确 3. 搅打肉馅方向始终一致 4. 团子"包"法正确 5. 屉上刷油方法正确 6. 码屉整齐	30		
	卫生习惯	1. 工装齐全,干净整齐 2. 工作完成后,工位干净整齐,工具清洗干净,摆放入位 3. 萝卜清洗干净 4. 操作过程符合卫生规范	20		
成品质量	成品形状	呈团状。不塌、不扁	10		
	馅心软硬	馅内含水但不散。不柴、不干硬	10		
	成品质感	皮、馅暄软。表皮不干、不硬	10		
	成品口味	薄皮大馅、咸鲜适口	10		
合 计			100		

(二)虾饺

【实训目的】掌握澄面的制作。

【实训时间】60分钟。

【实训准备】

1. 实训场地准备

设备:案台,炉灶,案板,蒸锅(箱),水锅。

工具:盆,刀,刮皮刀,擦子,笊篱,尺子板,油刷。

2. 实训用品准备

主料:澄粉150克,生粉50克,油少许。

馅料:虾仁500克,白膘粒100克,盐、味精、糖各适量。

调料:盐、味精、糖各适量。

【相关知识小贴士】

虾饺馅料制作的关键点有两个方面,一是馅料的加工工艺,先要将新鲜的草虾仁挑出肠泥洗净,并使用纸巾将水份吸干,加盐一起搅拌至有黏性后再加入调味料;二是馅料中的猪肥肉成要切小丁,一定要在开水中汆烫过后以冷水冲凉,并沥干水分;竹笋料切丝后也要汆烫过,然后才能与虾仁一起充分拌匀成美味的虾饺馅料。

虾饺

【实训内容】

1. 操作步骤

（1）和面。将澄粉、淀粉加盐拌匀，用开水冲搅，加盖焖5分钟，取出搓擦匀透，再加猪油揉匀成团，待用。

（2）制馅。生虾肉洗净吸干水分，用刀背剁成细茸，放入盆内；熟虾肉切小粒；猪肥肉用开水稍烫，冷水浸透切成小粒，用水漂清，加些猪油、胡椒粉拌匀。

在虾茸中加点盐，用力搅拌，放入熟虾肉粒、肥肉粒、味精、白糖、麻油等拌匀，放入冰箱内冷冻。

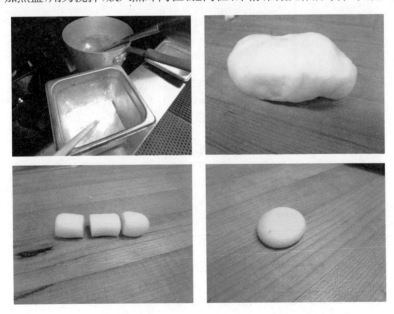

操作过程1

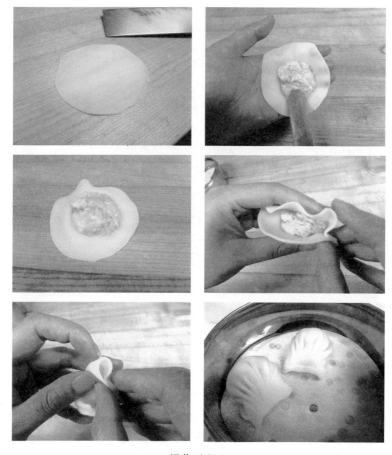

操作过程 2

（3）包馅成形。将澄面团摘坯、制皮，包入虾馅，捏成水饺形。

（4）成熟。上旺火笼内蒸 5 分钟即可。

2．实训总结

成品特点：外观美观，晶莹透明，馅心爽脆，口味鲜香。

注意事项：馅心原料要新鲜，虾茸要搅上劲。

【实训考核】

虾饺考核评分表

项 目		评 分 标 准	配分	扣分原因	实际得分
操作过程	原料准备	原料备齐后开始作业	5		
	工具准备	工具备齐后开始作业	5		
	操作时限	100 分钟			
	操作规程	1. 和面一次烫透 2. 手持工具（握刀、握尺子板）姿势正确 3. 搅拌虾肉馅方向始终一致 4. 虾饺"包"法正确 5. 屉上刷油方法正确 6. 码屉整齐	30		

（续胶）

项　目		评 分 标 准	配分	扣分原因	实际得分
操作过程	卫生习惯	1. 工装齐全,干净整齐 2. 工作完成后,工位干净整齐,工具清洗干净,摆放入位 3. 操作过程符合卫生规范	20		
成品质量	成品形状	呈梳子状	10		
	馅心软硬	馅内不柴、不干硬	10		
	成品质感	晶莹透明,馅心爽脆	10		
	成品口味	口味鲜香	10		
合　计			100		

（三）象形南瓜团

【实训目的】掌握实物点心的制作方法。

【实训时间】2课时。

【实训准备】

1. 实训场地准备

设备:案台,炉灶,案板,蒸锅(箱),水锅。

工具:盆,刀,刮皮刀,擦子,笊篱,尺子板,油刷。

象生南瓜

2. 实训用品准备

主料:南瓜一个,约500克,糯米粉150克。

馅料:豆沙馅350克。

调料:糖100克。

【相关知识小贴士】

南瓜具有一定的食疗作用。因其内含有维生素和果胶,有很好的吸附性,能粘结和消除体内细菌毒素和其他有害物质,如重金属中的铅、汞和放射性元素,起到解毒作用。南瓜所含果胶还可以保护胃肠道粘膜,免受粗糙食品刺激,促进溃疡面愈合,适宜于胃病患者。南瓜所含成分能促进胆汁分泌,加强胃肠蠕动.帮助食物消化。尤其是南瓜中所含的甘露醇具有通大便的作用,可减少粪便中毒素对人体的危害。

菜中南瓜的含钴量居首位。钴能活跃人体的新陈代谢,促进造血功能,并参与人体内维生素 B12 的合成,是人体胰岛细胞所必须的微量元素,对防治糖尿病,降低血糖有特殊的疗效。

南瓜中有丰富的锌,可参与人体内核酸、蛋白质合成,是肾上腺皮质激素的固有成分,为人体生长发育的重要物质。

【实训内容】

1. 操作步骤

(1) 和面。将南瓜切成丁,加少量水蒸 30 分钟。将其捣成泥状,加入糯米粉和两大勺糖,揉成面团。

(2) 制馅。将豆沙撮成小团子,作为馅料。

(3) 包馅成形。像包汤团那样将豆沙包到南瓜面团里。

将南瓜团稍微压扁点,然后用小刀背压出几道南瓜痕迹。

(4) 成熟。将做好的南瓜团子放入蒸锅。蒸锅水开后大火蒸 6 分钟。

2. 实训总结

成品特点:形似南瓜,软糯适口。

注意事项:米粉的调制方法。

【实训考核】

象形南瓜团考核评分表

项　目		评　分　标　准	配分	扣分原因	实际得分
操作过程	原料准备	原料备齐后开始作业	5		
	工具准备	工具备齐后开始作业	5		
	操作时限	100 分钟			
	操作规程	1. 和面一次烫透 2. 手持工具(握刀、握尺子板)姿势正确 3. 熟馅制法 4. "包"法正确 5. 屉上刷油方法正确 6. 码屉整齐	30		
	卫生习惯	1. 工装齐全,干净整齐 2. 工作完成后,工位干净整齐,工具清洗干净,摆放入位 3. 操作过程符合卫生规范	20		
成品质量	成品形状	呈南瓜状	10		
	馅心软硬	软硬适度	10		
	成品质感	软糯	10		
	成品口味	口味甜香	10		
合　计			100		

第四章 各面团类的制作与品质鉴定

（中级品种实例）

第一节 实训菜单

一、实训教学设计

围绕中级实训项目进行教学设计。具体实训项目为:饺子类、包子类、混酥类。

二、教学内容与要求

学习饺子类、包子类、混酥类高档点心的各面团、馅心类的调制技能,掌握成品的品质鉴定要点。

三、实训准备工作

1. 实训场地准备

(1) 设备:案台、炉灶、案板、蒸锅(箱)、平锅。

(2) 工具:盆、刀、刮皮刀、擦子、笊篱、尺子板、油刷。

2. 实训用品准备

(1) 根据教内容填写实训用品领料单。

领料单   （单位:克）

主料	
馅料	
调料	

(2) 工作区域:面点实训室。

(3) 工具与器皿要求:清洗干净,完好无损。

(4) 教师示范点心教学流程:

讲解→示范→练习→归纳→巩固→总结评价(讲解示范、巡视指导)→反馈

(5) 学生点心制作实践要求基本功过硬,掌握基本工艺流程:

和面→揉面→搓条→下剂→制皮→上馅→成形→熟制

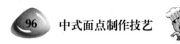

四、教师指导关键点

(1) 面团的调制。

(2) 形态的美观。

(3) 味道的把控。

第二节　（中级）各面团类的制作与品质鉴定

一、饺子类

（一）白菜饺

【实训目的】在掌握一般品种基础上，进一步提高面点制作手法和技巧。

【实训时间】1课时，反复练习手法。

【实训准备】

1. 实训场地准备

设备：案台，炉灶，案板，蒸锅（箱），水锅。

工具：盆，刀，刮皮刀，擦子，笊篱，尺子板，油刷。

2. 实训用品准备

主料：面粉500克。

馅料：白菜250克，猪肉馅150克。

调料：生抽、料酒、盐、味精、香油各适量。

白菜饺子

【相关知识小贴士】

用冷水和成的面团，水温不能引起蛋白质变性和淀粉膨胀糊化等变化，蛋白质与大量的水结合，形成致密的面筋网络，并把其他物质紧紧包住。冷水面团的形成是由蛋白质吸水引起的，所以面团筋性好、韧性强、延伸性强、色白。这样的面团适合制作面条、馄饨皮、水饺皮、春卷皮等。

【实训内容】

1. 操作步骤

(1)制馅。白菜洗干净,沥干水分剁成碎末,拌入少许香油待用。

猪肉馅放入盆中,加入全部调料,搅拌均匀。

最后加入白菜末搅拌均匀即可。

(2)和面、制皮。面粉和成团,稍饧。下剂分成大小一致的生坯,加工成3寸左右的圆形皮子。

(3)包馅成形。圆形皮包上适量馅心,折成五条边,中间收口。用手指在每条边上刻出如菜叶状的纹理,略加整理,做成白菜形状饺子生胚。

白菜饺制作过程

（4）成熟。生胚入笼置旺火沸水锅上蒸约 6 分钟即可。

2. 实训总结

成品特点：形似白菜。

注意事项：手法要轻；面粉团稍硬。

【实训考核】

白菜饺考核评分表

项 目		评 分 标 准	配分	扣分原因	实际得分
操作过程	原料准备	原料备齐后开始作业	5		
	工具准备	工具备齐后开始作业	5		
	操作时限	100 分钟			
	操作规程	1. 和面分次加水 2. 手持工具势姿正确 3. 搅拌肉馅方向一致 4. 捏饺子的手法正确 5. 码屉整齐	30		
	卫生习惯	1. 工装齐全，干净整齐 2. 工作完成后，工位干净整齐，工具清洗干净，摆放入位 3. 操作过程符合卫生规范	20		
成品质量	成品形状	形似白菜	10		
	馅心软硬	软硬适中	10		
	成品质感	色泽洁白	10		
	成品口味	鲜咸适中	10		
合 计			100		

（二）知了饺

【实训目的】在初步掌握基本知识的基础上，进一步提高技巧。

【实训时间】1 课时，反复练习手法。

【实训准备】

1. 实训场地准备

设备：案台，炉灶，案板，蒸锅（箱），水锅。

工具：盆，刀，刮皮刀，擦子，笊篱，尺子板，油刷。

2. 实训用品准备

主料：精面粉 500 克

馅料：鲜肉馅（调好味）450 克，熟火腿末 10 克。

调料：糖适量。

【相关知识小贴士】

用温水调制的面团，其中蛋白质的变性和淀粉的糊化作用使面团柔中有劲，富有可塑性；制成成品时，容易成形，烹制后也不易走样；而且口感适中，色泽较白。这种面团，特别适用于制作各种花色蒸饺。

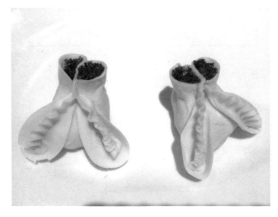

知了饺

【实训内容】

1. 操作步骤

(1) 和面、制皮。将面粉 450 克(50 克作铺面)倒在案上,中间扒一窝,用沸水和面,晾凉揉匀,搓成长条,摘成面剂 30 个,逐个按平,用擀面杖擀成直径约 8 厘米的圆皮。

(2) 包馅成形。擀好的圆皮 1/2 处折两条边,然后在光面包入馅料;顶端向大头折拢、捏实,用手推成花纹,面皮将折边翻转过来;在大头处做成知了的眼睛,在眼睛里填入熟火腿末。略加整理成知了饺子生坯。

(3) 成熟。生坯入笼,置旺火沸水锅上蒸约 6 分钟即成。

2. 实训总结

成品特点:形象生动。

注意事项:面团调制要根据季节的变化掌握好水温及用量,以保证面团的可塑性;面团要揉匀,调色用食用色素。

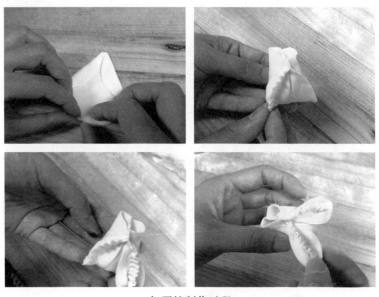

知了饺制作过程

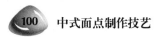

【实训考核】

知了饺考核评分表

项 目		评 分 标 准	配分	扣分原因	实际得分
操作过程	原料准备	原料备齐后开始作业	5		
	工具准备	工具备齐后开始作业	5		
	操作时限	100 分钟			
	操作规程	1. 和面分次加水 2. 手持工具姿势、正确 3. 拌馅动作准确 4. 动作轻巧灵活 5. 生坯码屉整各	30		
	卫生习惯	1. 工装齐全，干净整齐 2. 工作完成后，工位干净整齐，工具清洗干净，摆放入位 3. 操作过程符合卫生规范	20		
成品质量	成品形状	知了状	10		
	馅心软硬	软硬适度	10		
	成品质感	色彩鲜艳形象生动	10		
	成品口味	鲜香可口	10		
合 计			100		

（三）鸡冠虾饺(状元饺)

【实训目的】掌握比较高档点心的制作和馅心的调剁制。

【实训时间】2 课时,主要操练手法。

【实训准备】

1. 实训场地准备

设备:案台,炉灶,案板,蒸锅(箱),水锅。

工具:盆,刀,刮皮刀,擦子,笊篱,尺子板,油刷。

2. 实训用品准备

主料:澄面 350 克,生粉 150 克。

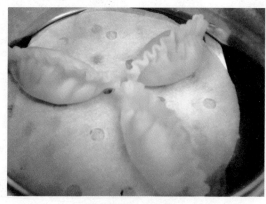

鸡冠虾饺(状元饺)

馅料：赤肉 250 克，白肉 50 克，鲜虾 250 克。

调料：猪油、精盐、味精、白糖、胡椒粉、牛粉适量。

【相关知识小贴士】

鸡冠虾饺也有称状元虾饺。其面团属于不发酵类，因此在和面搓制过程中不用加入发酵原料，和面时采用开水，将优质澄面烫成。其成品特点是：半透明、皮薄、馅多、爽口。

【实训内容】

1. 操作步骤

（1）和面。取澄面 350 克，调入生粉 150 克，冲入沸水，用棍搅拌均匀，加盖焗 5 分钟；取出反复搓揉，分成重约 15 克的圆粒坯。

鸡冠虾饺（状元饺）制作过程

（2）制馅。赤肉250克,白肉50克,鲜虾250克切成小粒;调入适量猪油、精盐、味精、白糖、胡椒粉、牛粉,搅拌均匀成饺馅。

（3）包馅成形。制好饺皮,包上馅,做成鸡冠形饺。

（4）成熟。上蒸笼猛火蒸5分钟即成。

2. 实训总结

成品特点:半透明,皮薄,馅多。

注意事项:

（1）馅心要预先冷藏,使其凝结,方便操作。

（2）包馅时,皮的边沿不要沾上馅汁,以防裂口。

（3）蒸时要猛火,仅熟便可。

【实训考核】

鸡冠虾饺考核评分表

项 目		评 分 标 准	配分	扣分原因	实际得分
操作过程	原料准备	原料备齐后开始作业	5		
	工具准备	工具备齐后开始作业	5		
	操作时限	100分钟			
	操作规程	1. 和面一次完成 2. 手持工具姿势正确 3. 馅心的调制符合要求 4. 操作程序正确 5. 码屉整齐	30		
	卫生习惯	1. 工装齐全,干净整齐 2. 工作完成后,工位干净整齐,工具清洗干净,摆放入位 3. 操作过程符合卫生规范	20		
成品质量	成品形状	鸡冠形状	10		
	馅心软硬	软硬适度	10		
	成品质感	呈半透明,爽中湿润	10		
	成品口味	咸鲜	10		
合 计			100		

（四）金鱼饺

【实训目的】掌握有一定难度的澄面品种。

【实训时间】2课时,主要练习手法。

【实训准备】

1. 实训场地准备

设备:案台,炉灶,案板,蒸锅(箱),水锅。

工具:盆,刀,刮皮刀,擦子,笊篱,尺子板,油刷。

2. 实训用品准备

主料:澄粉250克,生粉75克,绵白糖、化猪油、熟蛋黄、苋菜汁、可可粉等适量。

馅料:鸡脯肉末75克,猪肉末75克,香菇粒、葱花、猪油、盐、味精等适量。

金鱼饺

【相关知识小贴士】

金鱼饺因其造型生动,形似金鱼,制作精细而成为筵席上高档的点心。

金鱼饺制法和花色蒸饺工艺相同,不同的是原料和操作难度。

【实训内容】

1. 操作步骤

(1) 和面。澄粉与生粉和匀,用开水烫熟,加化猪油揉匀成澄粉面团,分少部分下米加入苋菜汁、熟蛋黄、可可粉,揉成红、黄、咖啡三色面团待用。

(2) 制馅。两种肉末加上香菇、盐、味精,用猪油炒成馅心备用。

(3) 包馅成形。将白色的澄粉面团搓条、下剂,搓圆压扁,放上馅心用尖头筷夹出鱼嘴和鱼眼睛,然后封口,捏成金鱼形坯子,鱼尾用木梳平压出花纹用刀切二刀,形成三片鱼尾,用花钳夹出鱼背鳍。咖啡色澄面和黄色澄面做成鱼鳍和鱼眼圈,红色的澄面搓圆镶嵌成"鱼眼珠"。

(4) 成熟。放入盘中入笼蒸5~6分钟至熟,取出即成。

金鱼饺制作过程1

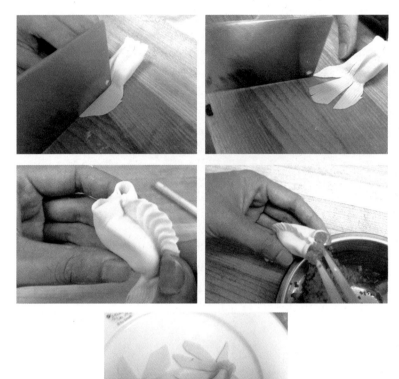

金鱼饺制作过程 2

2. 实训总结

成品特点:形似金鱼,晶莹剔透,馅味鲜香。

注意事项:造型要生动逼真,下剂要均匀,炒馅心时炒熟晾冷后才放葱花。

【实训考核】

金鱼饺考核评分表

项 目		评 分 标 准	配分	扣分原因	实际得分
操作过程	原料准备	原料备齐后开始作业	5		
	工具准备	工具备齐后开始作业	5		
	操作时限	100 分钟			
	操作规程	1. 和面一次加水 2. 手持工具姿势正确 3. 馅心的调制符合要术 4. 制作过程正确 5. 屉码整齐	30		
	卫生习惯	1. 工装齐全,干净整齐 2. 工作完成后,工位干净整齐,工具清洗干净,摆放入位 3. 操作过程符合卫生规范	20		

（续表）

项　目		评 分 标 准	配分	扣分原因	实际得分
成品质量	成品形状	金鱼形状	10		
	馅心软硬	软硬适中	10		
	成品质感	呈半透明,爽中湿润	10		
	成品口味	口味独特	10		
合　计			100		

（五）兰花饺

【实训目的】练习掌握澄面面团品种和馅心。

【实训时间】1课时。

【实训准备】

1. 实训场地准备

设备:案台,炉灶,案板,蒸锅(箱),水锅。

工具:盆,刀,刮皮刀,擦子,笊篱,尺子板,油刷。

兰花饺

2. 实训用品准备

主料:面粉250克。

馅料:鲜肉馅300克,火腿末、蛋黄末、青豆末、蛋白末、香菇各少许。

【相关知识小贴士】

澄面又称澄粉,别名江粉、淀粉,是用小麦磨成的面粉加工而成的。即将面粉洗去面筋后的水,经过沉淀,沥干水分,再经晒干、研细的粉料。当然,除了小麦外,土豆、红薯或绿豆也可以加工出相应的澄粉。

澄粉的特点:色洁白、面细滑,成熟后呈半透明状态。所以用澄粉做出的面点呈半透明状,如虾饺、粉果、肠粉等,其成品美观、入口爽滑。

用澄粉制作点心,和面时要用开水将澄粉烫熟,使其糊化具有粘性。这样制作的点心就容易成形。

【实训内容】

1. 操作步骤

（1）和面。用温水和面,揉成面团。搓长条,下剂,擀成直径8厘米的圆皮待用。

（2）成形。圆皮放上馅心，沿边分成四等分向上拢起，捏成五角形，中心留一小圆孔；每只角上面呈边状，用剪刀将五条边剪齐，然后在每条边上平剪两刀，中心部分相连形成两根小面条；将每个角上的小面条第一条与相邻的角的第二条相连，依次类推。然后将五只角的边上用剪刀剪出边须粘好，再用手指把五个角略绞弯，做成兰花叶，在五个斜孔和中心的圆洞里填进不同颜色的馅料碎末，即成生坯。

（3）成熟。将生坯放入笼内，上蒸锅用旺火，水沸后蒸8分钟即可。

2. 实训总结

成品特点：造型美观，玲珑可爱，是高档筵席的点心。

注意事项：

（1）澄面要烫熟。

（2）馅心要预先冷藏便于操作。

（3）蒸时要猛火，仅熟便可。

【实训考核】

兰花饺考核评分表

项　目		评　分　标　准	配分	扣分原因	实际得分
操作过程	原料准备	原料备齐后开始作业	5		
	工具准备	工具备齐后开始作业	5		
	操作时限	100分钟			
	操作规程	1. 和面一次加水 2. 手持工具姿势正确 3. 馅心制作符合要求 4. 制作过程正确 5. 码屉整齐	30		
	卫生习惯	1. 工装齐全，干净整齐 2. 工作完成后，工位干净整齐，工具清洗干净，摆放入位 3. 操作过程符合卫生规范	20		
成品质量	成品形状	兰花形状	10		
	馅心软硬	软硬适中	10		
	成品质感	半透明，馅心色泽鲜艳，爽中湿润	10		
	成品口味	清淡，爽口	10		
合　计			100		

（六）素菜蒸饺

【实训目的】掌握花色蒸饺的制作方法，及馅心调制。

【实训时间】1课时。

【实训准备】

1. 实训场地准备

设备：案台，炉灶，案板，蒸锅（箱）；水锅。

工具：盆，刀，刮皮刀，擦子，笊篱，尺子板，油刷。

2. 实训用品准备

主料：小麦面粉500克。

馅料:鸡蛋 100 克,粉丝 50 克,玉兰片 100 克,木耳(水发)50 克,小白菜 150 克。

调料:香油 5 克,味精 5 克,胡椒粉 5 克,盐 8 克。

【相关知识小贴士】

玉米片含膳食纤维、碳水化合物较多,也含有钾、钙、磷等矿物元素;木耳同样是低脂肪类产品,所以成品特别适于不宜多食高脂肪、高蛋白质的人群。

【实训内容】

1. 操作步骤

(1) 制馅。将水发粉丝、玉兰片、木耳分别剁碎纳盆。鸡蛋炒熟,连同净菜馅一起放入同一盆内。加香油、味精、胡椒粉、精盐拌匀成馅。

(2) 和面、制皮。面粉先用七成开水烫成雪花状然后摊凉,再加三成凉水揉成面团。搓成长条,下剂,按扁擀成圆皮。

(3) 包馅成形。包上馅捏成月牙形饺子。

(4) 成熟。上笼用旺火蒸约 12 分钟至熟即成。

2. 实训总结

成品特点:外形美观,鲜咸可口。

注意事项:

(1) 拌制素菜馅有时会出现吐水现象,关键在于余水时,出水不够,再加入盐后,水分就出来了。

(2) 菜余后水要沥干水分,否则会影响饺子的质量。

【实训考核】

素菜蒸饺考核评分表

项　目		评 分 标 准	配分	扣分原因	实际得分
	原料准备	原料备齐后开始作业	5		
	工具准备	工具备齐后开始作业	5		
操作过程	操作时限	100 分钟			
	操作规程	1. 和面分次加水 2. 手持工具姿势正确 3. 馅心制作符合要求 4. 制作过程正确 5. 码屉整齐	30		
	卫生习惯	1. 工装齐全,干净整齐 2. 工作完成后,工位干净整齐,工具清洗干净,摆放入位 3. 操作过程符合卫生规范	20		
成品质量	成品形状	月牙形状	10		
	馅心软硬	软硬适合	10		
	成品质感	外形美观	10		
	成品口味	鲜咸可口	10		
合　计			100		

(七) 鲜肉蒸饺(月牙饺)

【实训目的】掌握花色蒸饺中的最常用的品种。

【实训时间】2 课时,反复练习月牙饺的手法。

【实训准备】

1. 实训场地准备

设备:案台,炉灶,案板,蒸锅(箱),水锅。

工具:盆,刀,刮皮刀,擦子,笊篱,尺子板,油刷。

2. 实训用品准备

主料:小麦面粉 500 克,猪肉(肥瘦)600 克,肉皮清冻 300 克。

馅料:冬笋 60 克,虾子 6 克。

调料:盐 6 克,味精 3 克,酱油 35 克,料酒 15 克,葱汁 10 克,姜汁 10 克,香油 35 克。

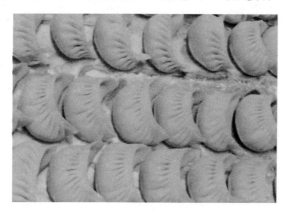

鲜肉蒸饺(月牙饺)

【相关知识小贴士】

在初三的物理课文中有这样一道与饺子有关练习题:饺子刚下锅时沉入水底,煮熟后会漂起来,是因为 A. 饺子的重力减小了;B. 饺子的重力和浮力都增大了;C. 饺子的重力不变,浮力增大;D. 饺子的重力和浮力都减小了?

煮饺子的时候因为饺子内部气体受热膨胀,使得其体积增大所以浮力也相应增大。在煮饺子时,我们就可以根据这一原理,判断饺子是否熟了。显然这道题的正确答案是 C. 饺子的重力不变,浮力增大。

【实训内容】

1. 操作步骤

(1)制馅。将猪肉洗净,切成约 0.3 厘米见方的丁;冬笋(选用去壳冬笋)洗净,放入沸水锅中,焯至断生,捞出控水,切成碎粒;肉皮冻切碎,制成茸。

将猪肉丁放入盆内,倒入清水,使劲搅打起黏,再放入料酒、酱油、精盐、葱姜汁、味精拌匀,放入肉皮清冻茸、冬笋粒、虾子,加入麻油,搅匀,即成灌汤馅心。

(2)和面、制皮。将面粉用七成沸水烫成雪花状,晾凉;再倒入三成凉水揉匀成团,搓成长条;制成重约 50 克的剂子;将剂子按扁,擀成圆皮。

(3)包馅成形。包上馅,捏成月牙形饺子,即成蒸饺生坯。

(4)成熟。将蒸饺坯上屉,用旺火沸水蒸约 10 分钟,即可食用。

2. 实训总结

成品特点:此饺柔软绵糯,卤汁醇香,鲜嫩可口。

注意事项:形态的逼真。

【实训考核】

鲜肉蒸饺考核评分表

项　目		评　分　标　准	配分	扣分原因	实际得分
操作过程	原料准备	原料备齐后开始作业	5		
	工具准备	工具备齐后开始作业	5		
	操作时限	100 分钟			
	操作规程	1. 和面分次加水 2. 手持工具姿势正确 3. 馅心制作符合规定 4. 制作过程符合要求 5. 生坯码屉整齐	30		
	卫生习惯	1. 工装齐全,干净整齐 2. 工作完成后,工位干净整齐,工具清洗干净,摆放入位 3. 操作过程符合卫生规范	20		
成品质量	成品形状	月牙形状	10		
	馅心软硬	软硬适中	10		
	成品质感	色泽洁白、美观	10		
	成品口味	鲜香可口	10		
合　计			100		

（八）象形白兔饺

【实训目的】掌握花色象形点心品种。

【实训时间】1课时。

【实训准备】

1. 实训场地准备

设备:案台,炉灶,案板,蒸锅(箱),水锅。

工具:盆,刀,刮皮刀,擦子,笊篱,尺子板,油刷。

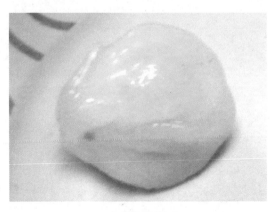

象形白兔饺

2. 实训用品准备

主料:澄面 350 克,生粉 150 克。

馅料:虾仁 250 克。

调料:盐、料酒、味精、大油、香油、淀粉适量。

【相关知识小贴士】

中国食文化历史悠久长远,中国点心作为中式餐饮的一部分,经过数千年点心师们的长期实践、继承和发展创新,变得丰富多彩。尤其是一些花式面点,讲究形态,往往模仿自然界中的植物、动物。使得中式点心集美观、可口于一体。

中式面点制作中的仿植物造型中常见的花卉,如船点中的月季花、牡丹花,油酥制品中的荷花酥、百合酥、海棠酥,水调制品中的兰花饺、梅花饺,酵面中的石榴包、寿桃包、葫芦包等;仿动物造型中常见的动物造型如酵面中的刺猬包、金鱼包等,水调面点中的蜻蜓饺、燕子饺、知了饺、鸽饺等,船点中的金鱼、玉兔、雏鸡、青鸟、玉鹅、白猪等。

【实训内容】

1. 操作步骤

(1) 和面。将澄面、生粉置于容器中,加入开水 150 克,制成烫面,扣盖 5 分钟后再加入猪油 5 克搓匀待用。

象形白兔饺制作过程

（2）制馅。虾仁切碎,加入盐、料酒、味精、大抽、香油打上劲,制成虾馅待用。

（3）包馅成形。烫面下剂,包上虾馅,制成兔型,用红椒切小粒做眼睛。

（4）成熟。上笼蒸4分钟,熟后取出,摆在盘中,加点花色点缀即成。

2. 实训总结

成品特点:小兔逼真,活泼可爱,味美可口,逗人喜欢。

注意事项:

（1）蒸的时间不能太长;

（2）成熟后表面涂上一层油更加光洁。

【实训考核】

象形白兔饺考核评分表

项　目		评 分 标 准	配分	扣分原因	实际得分
操作过程	原料准备	原料备齐后开始作业	5		
	工具准备	工具备齐后开始作业	5		
	操作时限	100分钟			
	操作规程	1. 和面一次加水 2. 手持工具姿势正确 3. 馅心制作符合要求 4. 制作过程正确 5. 码屉整齐	30		
	卫生习惯	1. 工装齐全,干净整齐 2. 工作完成后,工位干净整齐,工具清洗干净,摆放入位 3. 操作过程符合卫生规范	20		
成品质量	成品形状	形似白兔	10		
	馅心软硬	软硬适度	10		
	成品质感	外形美观,色泽洁白	10		
	成品口味	鲜香爽口	10		
合　计			100		

二、包子类

（一）叉烧包

【实训目的】掌握各种风味点心的制作和馅料的加工。

【实训时间】1课时。

【实训准备】

1. 实训场地准备

设备:案台,炉灶,案板,蒸锅(箱),水锅。

工具:盆,刀,刮皮刀,擦子,笊篱,尺子板,油刷。

2. 实训用品准备

主料:低筋面粉250克,玉米淀粉110克,酵母4克,白糖40克,油40克,温水170克,泡打粉6克。

馅料:叉烧肉。

调料:蜂蜜、水淀粉适量。

广式叉烧包

【相关知识小贴士】

叉烧包又称玉液叉烧包,是广式传统点心,在香港、澳门地区较为盛行。此品种是以叉烧肉和面捞芡作馅,以松软的发酵面做皮制作而成的。

【实训内容】

1. 操作步骤

(1)和面、制皮。将面粉放台板上,加入酵母、泡打粉和少量清水,将面粉揉搓,搓至面粉柔软适中时,用一条半湿的毛巾盖着,让其自行发酵约四五小时。

待面粉发酵至一定程度时,即将白糖、碱水、猪油一同倒入,搓匀待用。

(2)馅料。将肥、瘦叉烧切成小片,用干葱头起锅爆炒,然后加调味料做成叉烧包馅料。

(3)包馅成形。将搓好的发面粉分成每个约50克的粉团,放在掌心搓圆,并在中间捏成凹形,放入适量馅料,然后将开口处折叠捏合,务使馅料不致散出。成品叉烧包底垫上白纸,放入蒸笼内。

(4)成熟。蒸笼上锅隔沸水用猛火蒸约30分钟左右即可。

2. 实训总结

成品特点:皮色雪白,包面含笑而不露馅,内馅香滑有汁、甜咸适口,滋味鲜美。

注意事项:

(1)面团调制质量要好。

(2)馅料红褐色,芡要均匀。

(3)包制时要注意包皮厚薄一致,馅心居中不能漏馅,包好后停放不能太久。

(4)蒸制时应一气呵成,旺火气足,否则影响表面开花。

【实训考核】

叉烧包考核评分表

项 目		评 分 标 准	配分	扣分原因	实际得分
操作过程	原料准备	原料备齐后开始作业	5		
	工具准备	工具备齐后开始作业	5		
	操作时限	100分钟			

（续表）

项 目		评 分 标 准	配分	扣分原因	实际得分
操作过程	操作规程	1. 和面的顺序正确 2. 手持工具姿势正确 3. 馅料的配制是否正确 4. 包的手法正确与否 5. 码屉整齐	30		
	卫生习惯	1. 工装齐全，干净整齐 2. 工作完成后，工位干净整齐，工具清洗干净，摆放入位 3. 操作过程符合卫生规范	20		
成品质量	成品形状	蓬松柔软，爆口自然	10		
	馅心软硬	软硬适中	10		
	成品质感	包皮雪白，包面笑口而不露馅	10		
	成品口味	馅心鲜甜，香滑爽口	10		
合 计			100		

（二）冬菜包

【实训目的】掌握各种各样的馅心制作，丰富花色品种。

【实训时间】1课时。

【实训准备】

1. 实训场地准备

设备：案台，炉灶，案板，蒸锅（箱），水锅。

工具：盆，刀，刮皮刀，擦子，笊篱，尺子板，油刷。

2. 实训用品准备

主料：小麦面粉 500 克。

馅料：冬菜 250 克，猪油（炼制）100 克，火腿肠 50 克，虾米 50 克。

调料：盐 5 克，味精 3 克，香油 30 克，酵母 15 克，碱 1 克。

冬菜包

【相关知识小贴士】

小麦面粉富含蛋白质、碳水化合物、维生素和钙、铁、磷、钾、镁等矿物质,有养心益肾、健脾厚肠、除热止渴的功效。此外,其还有一定的药用价值,主治脏躁、烦热、消渴、泄痢、痈肿、外伤出血及烫伤等。

【实训内容】

1. 操作步骤

(1)和面。将面粉加入酵母,用温水和好,放温暖处发酵,待面发好,加入适量碱,去酸味,揉匀备用。

将面团搓成长条,揪成30个剂子,擀成圆皮。

(2)制馅。将川冬菜洗净,切碎,挤去水分;锅内放麻油,把川冬菜炒好,放盆内。猪板油、火腿肉用刀切碎放盆内,再放入海米、精盐、味精拌匀成馅料。

(3)包馅成形。将擀好的皮包入馅料,提褶收口。将包好的包子摆入笼屉内。

(4)成熟。将笼屉内的包子上笼,用旺火蒸熟即可食用。

2. 实训总结

成品特点:此包皮暄馅美,回味无穷。

注意事项:蓬松柔软,提褶均匀。

【实训考核】

冬菜包考核评分表

项 目		评 分 标 准	配分	扣分原因	实际得分
操作过程	原料准备	原料备齐后开始作业	5		
	工具准备	工具备齐后开始作业	5		
	操作时限	100 分钟			
	操作规程	1. 和面分次加水 2. 手持工具姿势正确 3. 搅抖馅心方法正确 4. 包子手法符合要求 5. 码屉整齐	30		
	卫生习惯	1. 工装齐全,干净整齐 2. 工作完成后,工位干净整齐,工具清洗干净,摆放入位 3. 操作过程符合卫生规范	20		
成品质量	成品形状	蓬松柔软,提褶均匀	10		
	馅心软硬	软硬适中	10		
	成品质感	色泽洁白,馅心居中	10		
	成品口味	香甜可口,美味	10		
合 计			100		

(三) 干菜包

【实训目的】熟悉掌握发酵面团中的花色品种,以及馅心的制作.

【实训时间】1课时,反复练习包子的提褶。

【实训准备】

1．实训场地准备

设备：案台，炉灶，案板，蒸锅（箱），水锅。

工具：盆，刀，刮皮刀，擦子，笊篱，尺子板，油刷。

2．实训用品准备

主料：面粉 500 克，干酵母 5 克，泡打粉 4 克，白糖 3 克，猪油 5 克。

馅料：肥瘦猪肉 300 克，霉干菜 100 克，冬笋 50 克，鸡架 1 个。

调料：香油 20 克，熟猪油 20 克，酱油 75 克，白糖 15 克，料酒 20 克，精盐 3 克，味精 5 克，姜末 10 克。

【相关知识小贴士】

面肥制作的主要方法有很多，如：酵母接种法、自然通风培养法、白酒培养法、酒酿法等。老面（又称老肥、面肥、老酵头等）发酵是一种比较原始的发酵方法，它是靠来自空气中的野生酵母和各种杂菌（乳酸杆菌、醋酸杆菌等）的发酵作用，使面团膨胀。这些细菌和其他杂菌不可避免地会产生一些对人体有害的物质和成分。例如，由于产酸细菌较多，发酵产生的乳酸、醋酸和其他有机酸会使面团产生不良的酸味，必须加碱来中和。因为面团的酸度是由许多因素如发酵时间、发酵温度等决定的。其中碱的加入量不容易掌握：碱加入量过少，将会使面制品发酸，影响质量；加入量过多，碱和面粉中的异黄酮色素相结合，使面品发黄，同时碱的添加严重破坏了面团中 B 族维生素等营养成分。

【实训内容】

1．操作步骤

（1）制馅。将猪肉和鸡架分别用开水烫一下捞出，用凉水洗净。然后放入锅内，加入酱油、白糖、料酒、清水，煮开后，转微火煮至猪肉酥烂时将肉取出，稍凉后，切成豆粒大小的丁。

将霉干菜用温水洗净，放入屉内蒸 2 小时取出，用凉水洗净，切成碎末，放入肉丁，加入姜末、香油、熟猪油、味精搅匀。冬笋先用水煮熟，切成细末，也加入肉丁内，搅拌成馅。

（2）和面、制皮。将面粉放入盆内，加入面肥、温水 200 克和成面团，待酵面发起，加入碱液揉匀，稍饧。

将面团揉搓成长条，揪成约 50 克的小剂，擀成中间略厚、边缘较薄的面皮。

（3）包馅成形。包入馅料，提褶收口。

（4）成熟。将做好的干菜包码入屉内，用旺火蒸 12 分钟即熟。

2．实训总结

成品特点：提褶均匀，蓬松柔软。

注意事项：所用馅料，都要煮熟后再切碎拌馅。包子口要收严，防止露馅。要用旺火煮至水开，用急气蒸熟。

【实训考核】

干菜包考核评分表

项 目		评 分 标 准	配分	扣分原因	实际得分
操作过程	原料准备	原料备齐后开始作业	5		
	工具准备	工具备齐后开始作业	5		
	操作时限	100 分钟			

（续表）

项 目		评 分 标 准	配分	扣分原因	实际得分
操作过程	操作规程	1. 和面分次加水发酵 2. 手持工具姿势正确 3. 馅心的制作是否符合要求 4. 包子的提纹是否均匀 5. 码屉整齐	30		
	卫生习惯	1. 工装齐全，干净整齐 2. 工作完成后，工位干净整齐，工具清洗干净，摆放入位 3. 操作过程符合卫生规范	20		
成品质量	成品形状	提褶均匀，蓬松柔软	10		
	馅心软硬	软硬适中	10		
	成品质感	色泽洁白，收口自然	10		
	成品口味	馅心油润香甜	10		
合 计			100		

（四）棉花包

【实训目的】掌握特殊品种制作方法。

【实训时间】2 课时。

【实训准备】

1. 实训场地准备

设备：案台，炉灶，案板，蒸锅（箱），水锅。

工具：盆，刀，刮皮刀，擦子，笊篱，尺子板，油刷。

2. 实训用品准备

主料：低筋面粉 250 克，白糖 60 克，鲜奶 70 克，蛋清 10 克，泡打粉 6 克，水 50 克，黄油 15 克，白醋一瓶盖。

棉花包

【相关知识小贴士】

棉花包有人戏称为蒸出来的蛋糕。因为做棉花包原料调制好后是呈成稀糊状，所以在制作过程中为了将稀糊状的原料既快又方便地放入磨具，最好的方法是将调制好的原料装入一次性裱花袋,也可用保鲜袋代替。

【实训内容】

1. 操作步骤

(1)和面。黄油隔热水融化,将面粉,白糖,蛋清,牛奶,水同时倒入容器中,搅拌均匀。将融化的黄油倒入搅拌均匀,放入泡打粉搅拌均匀,最后放入一小瓶盖白醋,搅拌均匀。

(2)成形。将和好的面入模装8分满。

(3)成熟。上锅大火蒸8分钟即可。

2. 实训总结

成品特点:色泽洁白,松暄可口。

注意事项:搅拌均匀。

【实训考核】

棉花包考核评分表

项　目		评 分 标 准	配分	扣分原因	实际得分
操作过程	原料准备	原料备齐后开始作业	5		
	工具准备	工具备齐后开始作业	5		
	操作时限	100分钟			
	操作规程	1. 发酵分次加水 2. 手持工具姿势正确 3. 制作过程正确 4. 屉码整齐	30		
	卫生习惯	1. 工装齐全,干净整齐 2. 工作完成后,工位干净整齐,工具清洗干净,摆放入位 3. 操作过程符合卫生规范	20		
成品质量	成品形状	形状棉花	10		
	馅心软硬	软硬适中	10		
	成品质感	松软,美观	10		
	成品口味	奶香,带甜味	10		
合　计			100		

(五)如意秋叶包

【实训目的】掌握发酵面团中的花色手法。

【实训时间】2课时,练习手法和技巧。

【实训准备】

1. 实训场地准备

设备:案台,炉灶,案板,蒸锅(箱),水锅。

工具:盆,刀,刮皮刀,擦子,笊篱,尺子板,油刷。

2. 实训用品准备

主料:面粉500克,发酵粉5克。

馅料:鸡蛋、绿色时蔬各100克,香菇150克,粉丝250克。

调料:盐少许,味精10克,香油20克,花生油30克。

如意秋叶包

【相关知识小贴士】

酵母发酵是利用酵母菌在其生命活动过程中所产生的二氧化碳和其他部分使面团膨松而富有弹性,并赋予制品特殊的色、香、味及多孔性结构的过程。

酵母菌的生命活动是依靠面团中含氮物质与可溶性糖类作为氮源和碳源的。单糖是酵母生长繁殖的最好营养物质。在一般情况下,面粉中的单糖很少,不能满足酵母生长繁殖的需要。所以,有时候需在发酵初期添加少量化学烯或饴糖以促进发酵。另一方面,面粉中含有淀粉和淀粉酶,淀粉酶在一定条件下可将淀粉分解为麦芽糖。在发酵时,酵母本身可以分泌麦芽糖酶和蔗糖酶,这两种酶可以将面团中的蔗糖及麦芽糖分解为酵母可以利用的单糖。其化学变化分为两步进行。第一步是部分淀粉在 β-淀粉酶作用下生成麦芽糖;第二步是在芽糖转化酶作用下生成葡萄糖和麦芽糖。

【实训内容】

1. 操作步骤

(1)制馅。粉丝炸起,与香菇、鸡蛋、绿色时蔬和调料调味制馅。

(2)和面。面粉、酵母和成发面面团。将发酵面揉匀、搓成长条、摘成 11 只剂子,取一只做成根叶柄。

(3)包馅成形。将每只面剂搓揉光滑,按扁后包入馅心,先用拇指把皮子向馅心处捏进一只角,在捏进的一只角上放一根叶柄,再用拇指、食指将皮子两边对齐,二指交叉捏进,将一条长缝一直捏到叶尖,即为中间一条叶梗,另外,再用铜花钳在叶梗的两边钳出两排人字形花纹。

(4)成熟。将秋叶生坯上笼蒸熟后趁热用牙刷弹上淡绿色即可。

2. 实训总结

成品特点:形态逼真,为高档宴会点心。

注意事项:

发酵面团不能太老;时间不能蒸的太长。

【实训考核】

如意秋叶包考核评分表

项 目		评 分 标 准	配分	扣分原因	实际得分
操作过程	原料准备	原料备齐后开始作业	5		
	工具准备	工具备齐后开始作业	5		
	操作时限	100分钟			
	操作规程	1. 发酵和面分次加水 2. 手持工具姿势正确 3. 馅心制作符合要求 4. 制作手法正确 5. 码屉整齐一	30		
	卫生习惯	1. 工装齐全,干净整齐 2. 工作完成后,工位干净整齐,工具清洗干净,摆放入位 3. 操作过程符合卫生规范	20		
成品质量	成品形状	形似秋叶	10		
	馅心软硬	软硬适中	10		
	成品质感	外形美观,色泽鲜艳	10		
	成品口味	清香可口	10		
合 计			100		

(六)三丁包

【实训目的】掌握相关地方名点的制作方法。

【实训时间】2课时,主要掌握馅心的制作。

【实训准备】

1. 实训场地准备

设备:案台,炉灶,案板,蒸锅(箱),水锅。

工具:盆,刀,刮皮刀,擦子,笊篱,尺子板,油刷。

2. 实训用品准备

主料:中筋面粉500克,加泡打粉4克;干酵母5克,温水250克,白糖5克。

馅料:新鲜五花肉300克,鸡肉150克,冬笋肉150克。

调料:生抽和老抽各30克,海鲜酱10克,料酒7克,猪油50克,盐3克,糖6克,味精3克,鸡汤50克,生葱姜汁25克,虾子125克,丰收生粉10克。

【相关知识小贴士】

三丁包是江苏扬州地方的传统风味名点,在20世纪30年代由扬州百年老店"富春茶社"的面点师殷长三所创的。三丁包以馅心选料讲究,制作精细而成为名点。

【实训内容】

1. 操作步骤

(1)制馅。将五老花肉煮熟,切成小丁,鸡肉和冬笋分别切成小丁待用。

将锅烧热,倒入切好了的丁,加入鸡汤大火烧开,加入老抽、生抽、姜葱汁、海鲜酱,再加入糖、味精,最后加入生粉起锅。

（2）和面、制皮。盆内放入中筋面粉和干酵母,泡打粉拌匀后加入并把发好的面团撒点干面粉揉成长条分成 24 小块,每份擀成薄皮。

（3）包馅成形。将擀好的皮子加入馅料包成包子。将做好的包子坯放入铺上油纸的蒸盘内,放入饧发箱内饧发 20~60 分钟。

（4）成熟。将饧发好的包子坯放入铺了湿布的蒸锅内。置炉上开大火蒸至上气,大火蒸 15 分钟即可。

2. 实训总结

成品特点:皮子吸收馅心的卤汁,变得松软鲜美。馅心软硬相当,咸中带甜,甜中有脆,油而不腻;包子造型美观,是淮扬点心的代表。

注意事项:发面的老嫩,要掌握适当;正确掌握猪肉,鸡肉,笋的配比。

【实训考核】

三丁包考核评分表

项　目		评　分　标　准	配分	扣分原因	实际得分
操作过程	原料准备	原料备齐后开始作业	5		
	工具准备	工具备齐后开始作业	5		
	操作时限	100 分钟			
	操作规程	1. 发面分次加水 2. 手持工具姿势正确 3. 馅心烧制符合要求 4. 制作过程正确 5. 码屉整齐	30		
	卫生习惯	1. 工装齐全,干净整齐 2. 工作完成后,工位干净整齐,工具清洗干净,摆放入位 3. 操作过程符合卫生规范	20		
成品质量	成品形状	圆形,鲫鱼嘴口	10		
	馅心软硬	软硬适中	10		
	成品质感	皮白松软,褶纹清晰	10		
	成品口味	馅鲜肥嫩,咸中带甜,油而不腻	10		
合　计			100		

（七）芹黄烧卖

【实训目的】在掌握基本知识上,更进一步了解相关知识。

【实训时间】2 课时,反复操练烧卖皮的擀制方法。

【实训准备】

1. 实训场地准备

设备:案台,炉灶,案板,蒸锅(箱),水锅。

工具:盆,刀,刮皮刀,擦子,笊篱,尺子板,油刷。

2. 实训用品准备

主料:面粉 250 克,开水 125 克。

馅料:烧麦馅 300 克,鸡蛋皮一张。

芹黄烧卖

【相关知识小贴士】

烧卖,又称烧麦、稍麦,起源于包子,在中国的历史相当悠久。很多书籍都有关于它的记载。如《儒林外史》第十回:"席上上了两盘点心,一盘猪肉心的烧卖,一盘鹅油白糖蒸的饺儿。"清代无名氏编撰的菜谱《调鼎集》里便收集有"荤馅烧卖"、"豆沙烧卖"、"油糖烧卖"等。其中"荤馅烧卖"是用鸡肉、火腿配上时令菜作馅制成。"油糖烧卖"则用板油丁、胡桃仁和白糖做馅制成。

现今各地烧卖的品种更为丰富,制作更为精美了。如河南有切馅烧卖,安徽有鸭油烧卖,杭州有牛肉烧卖,江西有蛋肉烧卖,山东临清有羊肉烧卖,苏州有三鲜烧卖;湖南长沙有菊花烧卖;广州有干蒸烧卖、鲜虾烧卖、蟹肉烧卖等等,都各具地方特色。

【实训内容】

1. 操作步骤

(1)和面、制皮。用细罗将150克面粉筛过,浇入开水,拌匀搓透,再揪成45个圆剂,压扁,上下两面均铺上厚厚的面粉,用烧麦槌擀成裙褶状的薄皮,弹去面粉。

(2)包馅成形。将烧麦馅分成45份,放入擀好的薄皮上,用手将皮捏拢,将皮的裙褶依次压好,然后将其开口向上,放在屉上,裙褶略下垂,再将蛋皮切成细丝,放在烧麦开口处的肉馅上,即成烧麦生坯。

(3)成熟。上蒸锅,用旺火蒸熟即可。

2. 实训总结

成品特点:外形美观,形似荷叶。

注意事项:皮的擀制一定要上下两面均铺上厚厚的面粉。

【实训考核】

芹黄烧卖考核评分表

项　目		评 分 标 准	配分	扣分原因	实际得分
操作过程	原料准备	原料备齐后开始作业	5		
	工具准备	工具备齐后开始作业	5		
	操作时限	100分钟			

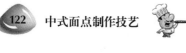

（续表）

项　目		评　分　标　准	配分	扣分原因	实际得分
操作过程	操作规程	1. 和面分别加水 2. 手持工具姿势正确 3. 馅心制作符合要求 4. 制作过程正确 5. 码屉整齐	30		
	卫生习惯	1. 工装齐全，干净整齐 2. 工作完成后，工位干净整齐，工具清洗干净，摆放入位 3. 操作过程符合卫生规范	20		
成品质量	成品形状	铜板底，荷叶边	10		
	馅心软硬	软硬适变	10		
	成品质感	外形美观	10		
	成品口味	鲜咸可口	10		
合　计			100		

（八）素蟹粉包

【实训目的】掌握各种仿真高档点心制作。

【实训时间】2课时。

【实训准备】

1. 实训场地准备

设备：案台，炉灶，案板，蒸锅（箱），水锅。

工具：盆，刀，刮皮刀，擦子，笊篱，尺子板，油刷。

2. 实训用品准备

主料：小麦面粉500克。

馅料：土豆200克，胡萝卜100克，冬笋80克，香菇（鲜）25克。

调料：葱10克，姜5克，花生油50克，料酒5克，醋3克，盐2克，味精1克，白砂糖8克，温水250克，酵母5克，泡打粉5克。

素蟹粉包

【相关知识小贴士】

胡萝卜具有较高的营养价值,常食胡萝卜可促进机体正常生长繁殖、维持上皮组织、防止呼吸道感染。但是胡萝卜中含有大量的胡萝卜素属脂溶性物质,只有溶解在油脂中,才能在人体的小肠黏膜作用下转变为维生素 A 而被吸收。如果烹调不当或搭配不当,可影响人体对其营养素的吸收。

因此,在做胡萝卜菜时,要多放油,最好同肉类一起炒,而且烹制的时间要短,以减少维生素 C 的损失。

【实训内容】

1. 操作步骤

（1）和面。将面粉、干酵母粉、泡打粉、白糖 5 克放盛器内混合均匀,加水 250 毫升搅拌成块,用手揉搓成团,放案板反复揉搓,直至面团光滑,备用。

（2）制馅。将土豆洗净蒸熟去皮捣成泥;胡萝卜洗净切碎捣成泥;香菇洗净去蒂切成丝;冬笋去硬壳洗净煮熟切成丝;葱、姜洗净,均切末。

将土豆泥、胡萝卜泥、香菇丝、熟笋丝及葱、姜末放容器中拌匀,即成素蟹粉。

旺火热锅加花生油烧至八成热,然后加入素蟹粉炒 2 分钟。

加入花生油、料酒、醋、姜末、盐、味精、白糖 3 克,炒匀起锅即成馅料。

（3）包馅成形。将发好的面团分小块,再擀成面皮,包入馅,捏好。

（4）成熟。以常法蒸熟食之。

2. 实训总结

成品特点:蟹黄香溢,外形美观。

注意事项:不漏底。

【实训考核】

素蟹粉包考核评分表

项 目		评 分 标 准	配分	扣分原因	实际得分
操作过程	原料准备	原料备齐后开始作业	5		
	工具准备	工具备齐后开始作业	5		
	操作时限	100 分钟			
	操作规程	1. 和面分次加水 2. 手持工具姿势正确 3. 馅心制作符合要求 4. 操作过程正确 5. 码屉整齐	30		
	卫生习惯	1. 工装齐全,干净整齐 2. 工作完成后,工位干净整齐,工具清洗干净,摆放入位 3. 操作过程符合卫生规范	20		
成品质量	成品形状	开口,褶纹整齐	10		
	馅心软硬	软硬适度	10		
	成品质感	外形美观,色泽洁白	10		
	成品口味	清香,鲜润	10		
合 计			100		

三、混酥类

（一）核桃酥

【实训目的】正确掌握混酥面团的制作方法和技巧。

【实训时间】1课时,充分练习手法。

【实训准备】

1. 实训场地准备

设备:案台,炉灶,案板,烤箱。

工具:盆,刀,刮皮刀,擦子,笊篱,尺子板,油刷。

2. 实训用品准备

主料:富强粉500克,白糖粉300克,糖浆100克,核桃仁(去衣切碎)400克,猪油400克,鲜蛋250克,扫面蛋50克,食臭粉5克,榄仁200克,食粉3克。

核桃酥

【相关知识小贴士】

核桃酥是中国著名的小吃,原名核桃糕。我国很多地方都有生产,只是各地的口味不同而已。由于核桃酥的主要用料是核桃,营养价值高,很受人们其特点是质地细腻、柔软,口味滋糯、纯甜,有突出的桃仁清香,很受人们的喜爱。核桃酥的制作和桃酥饼比较相似,区别在于多加了果仁之类的物品。

【实训内容】

1. 操作步骤

（1）和面。先把面粉过筛,放在案板上围成圈,把食物、食臭粉、白砂糖、糖浆、鲜蛋放在圈内擦匀使之溶解,再放入油料、核桃仁和匀。

（2）生坯成形。把面粉投入拌匀,分成200个小剂,用手搓成圆形,放进饼盘,在每个饼坯中央用手指压一小孔,扫上蛋浆,粘上榄仁,再扫一次蛋浆。

（3）成熟。入炉用140℃～150℃烘烤至金黄色,饼面有裂纹为佳。

2. 实训总结

成品特点:色金黄鲜艳,大小均匀,外形完整,面呈裂纹,入口香松化。

注意事项：

（1）加入少量糖浆，目的使饼色油润和易于上色，使其色泽美观。

（2）拌入面粉时不能搓揉，以防止生筋渗油。

（3）食臭粉和食粉用蛋浆溶解后再使用，目的是防止成品出现黄斑点。

【实训考核】

核桃酥考核评分表

项　目		评　分　标　准	配分	扣分原因	实际得分
操作过程	原料准备	原料备齐后开始作业	5		
	工具准备	工具备齐后开始作业	5		
	操作时限	100 分钟			
	操作规程	1. 程序是否正确 2. 手持工具姿势正确 3. 加工过程符合规定 4. 成形的方法正确 5. 码屉整齐	30		
	卫生习惯	1. 工装齐全，干净整齐 2. 工作完成后，工位干净整齐，工具清洗干净，摆放入位 3. 操作过程符合卫生规范	20		
成品质量	成品形状	圆饼状，中间有裂纹	10		
	馅心软硬	馅心软硬适中	10		
	成品质感	松脆，金黄	10		
	成品口味	香甜有核桃口味	10		
合　计			100		

（二）鸿运酥

【实训目的】掌握油酥面团中的花色品种。

【实训时间】1 课时。

【实训准备】

1. 实训场地准备

设备：案台，炉灶，案板，蒸锅（箱），水锅。

工具：盆，刀，刮皮刀，擦子，笊篱，尺子板，油刷。

2. 实训用品准备

主料：面粉 125 克，熟猪油 30 克，南乳汁 50 毫升，酥心：面粉 125 克，熟猪油 80 克。

馅料：夏果 100 克，板油 50 克，米葱 50 克，红方腐乳 1 块。

调料：鸡蛋 1 个，白芝麻 50 克。

【相关知识小贴士】

所谓层酥，是用水油面团包入干油面团经过擀片、包馅、成形等过程制成的酥类制品。成品成熟后，显现出明显的层次，标准要求是层层如纸，口感松、酥、脆，口味多变。

鸿运酥

【实训内容】

1．操作步骤

（1）馅心调制。红方腐乳拌开与焙过油的夏果压碎，去膜的板油丁、葱花、白糖拌匀后冷冻即可。

（2）面团调制。干油酥：面粉与熟猪油调制成；水油面：面粉，腐乳，水，熟猪油调成。

（3）生坯成型。将水油面直接用手按成皮，包上干油酥，两次三叠擀成长方形皮，再改刀成小方块皮，包上馅心1份，收口成球形，按扁后收口的一面上沾上芝麻向下放置即可。

（4）成熟。生坯入烤盘，烤箱温度为180℃～200℃，烤至金黄色即可。

2．实训总结

成品特点：表面金黄，松脆。

注意事项：面团软硬适中。

【实训考核】

鸿运酥考核评分表

项 目		评 分 标 准	配分	扣分原因	实际得分
操作过程	原料准备	原料备齐后开始作业	5		
	工具准备	工具备齐后开始作业	5		
	操作时限	100分钟			
	操作规程	1. 油酥油面分别制成 2. 手持工具姿势正确 3. 馅心的制作方法正确 4. 制作过程的正确 5. 码屉整齐	30		
	卫生习惯	1. 工装齐全，干净整齐 2. 工作完成后，工位干净整齐，工具清洗干净，摆放入位 3. 操作过程符合卫生规范	20		
成品质量	成品形状	团圆形	10		
	馅心软硬	软硬适中	10		
	成品质感	表面金黄，松脆	10		
	成品口味	果味浓郁，清香	10		
合 计			100		

（三）花生酥

【实训目的】熟悉掌握油酥面团的花色品种。

【实训时间】1课时，熟练各种品种的手法和馅心的制作。

【实训准备】

1. 实训场地准备

设备：案台，炉灶，案板，蒸锅（箱），水锅。

工具：盆，刀，刮皮刀，擦子，笊篱，尺子板，油刷。

2. 实训用品准备

主料：面粉500克，猪油170克，橙红或黄色食用色素少许。

馅料：腰果300克。

调料：板油40克，糖10克，盐少许。

【相关知识小贴士】

猪板油是猪的腹腔肋骨上面长的一层带油膜的块状脂肪，出油率高.熬出来的油有着一种特有的油香味。

猪肥膘通常指猪的皮下脂肪，表面没有油膜，与板油相比，出油率低，因为是肥肉熬的油，只有肉味，没有板油那种特有的油香味。

猪板油是烹饪菜肴不可少的一种重要原料。

【实训内容】

1. 操作步骤

（1）面团调制。取面粉300克，加入猪油70克，食用色素、水，和成水油面；取面粉200克，猪油100克，揉成干油酥。水油面、干油面分别摘剂，以小包酥的方法制成坯皮。

（2）馅心调制。腰果、板油、糖、盐拌成馅心。

操作过程

（3）包馅成形。坯皮包入馅心,捏成花生形,用花钳在其表面夹出花纹。使其形同花生。

（4）成熟。将做好的花生酥置烤盘入烘箱烘熟即可。

2. 实训总结

成品特点:形似花生,酥香可口。

注意事项:干油酥和水油面的配比要正确;烘烤时要掌握时间。

【实训考核】

花生酥考核评分表

项　目		评分标准	配分	扣分原因	实际得分
操作过程	原料准备	原料备齐后开始作业	5		
	工具准备	工具备齐后开始作业	5		
	操作时限	100分钟			
	操作规程	1. 油酥油面分别制作 2. 手持工具姿势正确 3. 馅心的制作方法符合要求 4. 制作过程正确	30		
	卫生习惯	1. 工装齐全,干净整齐 2. 工作完成后,工位干净整齐,工具清洗干净,摆放入位 3. 操作过程符合卫生规范	20		
成品质量	成品形状	花生形状	10		
	馅心软硬	软硬适中	10		
	成品质感	香脆松软	10		
	成品口味	口感香甜	10		
合　计			100		

四、其他

（一）五仁苏式月饼

【实训目的】掌握特殊面团品种的制作。

【实训时间】1课时。

【实训准备】

1. 实训场地准备

设备:案台,炉灶,案板,蒸锅(箱),水锅。

工具:盆,刀,刮皮刀,擦子,笊篱,尺子板,油刷。

2. 实训用品准备

主料:面粉500克,生粉100克,吉士粉40克。

馅料:核桃仁400克,葡萄干200克,杏仁200克,芝麻50克,果丹皮200克,蜂蜜800克,炒好的小麦粉500克,香油50克。

调料:蜂蜜400克,面碱3克,花生油140克。

【相关知识小贴士】

月饼是中华传统佳节——中秋节的时令点心食品。月饼有苏式和广式之分，而五仁苏式月饼这个品种属于苏式月饼中的一种。

【实训内容】

1. 操作步骤

（1）制馅。桃仁400克、葡萄干200克、杏仁200克、芝麻50克、果丹皮200克、蜂蜜800克、炒好的小麦粉500克、香油50克全部材料拌匀备用。

（2）月饼皮调制。取面粉500克，生粉100克，吉士粉40克混合过筛；蜂蜜400克加热5分钟熬到黏稠；面碱3克溶解到7克水中，加入熬制好的蜂蜜和140克花生油混合均匀；最后把混合过筛好的粉一次投入拌匀，放置2个小时备用。

（3）包馅成形。取饼皮60克，包入五仁馅140克做成球形。

表面粘些面粉压入月饼模内。需要注意的是饼皮包裹五仁馅后的大小以正好能填满月饼模为合适。

（4）成熟。月饼表面喷一层水，放中层预热烤箱先烤10分钟。

取出后，表面刷全蛋液，再进烤箱，继续烤到表面棕黄色就可以了，整个过程大概25分钟左右。

2. 实训总结

成品特点：色泽金黄，香味浓郁。

注意事项：表皮色泽淡黄，酥层均匀，酥松。

【实训考核】

五仁苏式月饼考核评分表

项 目		评 分 标 准	配分	扣分原因	实际得分
操作过程	原料准备	原料备齐后开始作业	5		
	工具准备	工具备齐后开始作业	5		
	操作时限	100分钟			
	操作规程	1. 油面油酥分别制成 2. 馅心制作正确 3. 手持工具姿势正确 4. 操作过程符合要求 5. 码屉整齐	30		
	卫生习惯	1. 工装齐全，干净整齐 2. 工作完成后，工位干净整齐，工具清洗干净，摆放入位 3. 操作过程符合卫生规范	20		
成品质量	成品形状	圆形	10		
	馅心软硬	软硬适中	10		
	成品质感	表皮色泽淡黄，酥层均匀酥松	10		
	成品口味	甜润适口，香浓	10		
合　计			100		

（二）咸水角

【实训目的】掌握各种广式点心制作方法。

【实训时间】2课时,主要练习和掌握广式点心的特点。

【实训准备】

1. 实训场地准备

设备:案台,炉灶,案板,蒸锅（箱）,水锅。

工具:盆,刀,刮皮刀,擦子,笊篱,尺子板,油刷。

2. 实训用品准备

主料:糯米粉150克,水100克。

馅料:西芹,马蹄,冬菇,红萝卜适量。

调料:糖少许。

咸水角

【相关知识小贴士】

糯米粉皮是广式点心的常用皮类,通常是先经烫熟或烫至半生熟制成粉团,然后作为皮坯,熟的部分起到糊化作用,由于它黏性大,熟后柔软,越熟越软,利用这一特性,在烫熟的程度上和加温方法中,掌握好工艺操作,使成品显示特色。

【实训内容】

1. 操作步骤

（1）制馅。把西芹、马蹄、冬菇、红萝卜切粒炒片刻,加入有机豉油调味成馅料备用。

（2）和面。将水煮滚溶糖,把糖水冲入糯米粉,用筷子拌匀后立即趁热用手把糯米粉搓成粉团。

（3）包馅成形。粉团切成小圆粒,用手捏成小窝后包入馅料,捏搓成形。

（4）成熟。可用油炸成咸水角（更健康的吃法是用平底不粘锅加少许油慢火煎熟）。

2. 实训总结

成品特点:松、软、脆。

注意事项:要特别注意掌控油温。

【实训考核】

咸水角考核评分表

项 目		评 分 标 准	配分	扣分原因	实际得分
操作过程	原料准备	原料备齐后开始作业	5		
	工具准备	工具备齐后开始作业	5		
	操作时限	100分钟			
	操作规程	1. 和面工艺正确 2. 手持工具姿势正确 3. 馅心制作符合要求 4. 制作过程正确 5. 成熟方法掌握正确	30		
	卫生习惯	1. 工装齐全，干净整齐 2. 工作完成后，工位干净整齐，工具清洗干净，摆放入位 3. 操作过程符合卫生规范	20		
成品质量	成品形状	蚕状，橄榄形	10		
	馅心软硬	软硬适中	10		
	成品质感	外微脆，内软，表面有珍珠小泡，馅心居中	10		
	成品口味	鲜咸可口	10		
合 计			100		

（三）香麻软枣

【实训目的】掌握广式点心的制作方式和花色品种。

【实训时间】2课时，反复练习广式点心制作手法。

【实训准备】

1. 实训场地准备

设备：案台，炉灶，案板，蒸锅（箱），水锅。

工具：盆，刀，刮皮刀，擦子，笊篱，尺子板，油刷。

2. 实训用品准备

主料：澄粉300克，糯米粉100克。

香麻软枣

馅料：腰果 100 克,猪油 50 克。

辅料：芝麻适量。

调料：花生酱、糖适量。

【相关知识小贴士】

广式点心具有广博的包容性,其特点一是用料精博,品种繁多,款式新颖,口味清新多样,制作精细,咸甜兼备,其丰富性居全国之首。除了采用各种烹饪手段外,馅料的选择也非常广泛,甜咸、荤素、各种食材均有。二是融合中、西点的制作技巧和特色,在原料的选择上会选择某些西点原料,如巧克力、奶油等,口感总体较为清爽。

【实训内容】

1. 操作步骤

(1) 制馅。将腰果烘烤至脆,与板油一起切碎,再与糖、花生酱、猪油一起拌匀,冷冻后搓成小圆球备用。

(2) 和面、制皮。澄粉加开水烫透拌匀,再加糯米粉飞冷水、糖、猪油,拌匀制成皮。

(3) 包馅成形。包入馅料,用手捏成椭圆形(如枣的形状),外面扫上鸡蛋清,沾一层芝麻即成软枣坯。

(4) 成熟。将软枣坯入温油炸至浮起,再加温炸至金黄色即可。

2. 实训总结

成品特点：色泽金黄,香甜脆糯。

注意事项：

(1) 皮的厚薄要均匀,馅心要正中。

(2) 在饼面扫上鸡蛋清,沾上芝麻要均匀;入油炸至浅金黄色为佳。

【实训考核】

香麻软枣考核评分表

项 目		评 分 标 准	配分	扣分原因	实际得分
操作过程	原料准备	原料备齐后开始作业	5		
	工具准备	工具备齐后开始作业	5		
	操作时限	100 分钟			
	操作规程	1. 和面工艺正确 2. 手持工具姿势正确 3. 馅心制作符合要求 4. 制作过程正确 5. 成熟方法正确	30		
	卫生习惯	1. 工装齐全,干净整齐 2. 工作完成后,工位干净整齐,工具清洗干净,摆放入位 3. 操作过程符合卫生规范	20		
成品质量	成品形状	香枣形态,扁圆型	10		
	馅心软硬	软硬适度	10		
	成品质感	淡金黄色,芝麻分布均匀馅心居中	10		
	成品口味	香甜	10		
合 计			100		

（四）象形雪梨果

【实训目的】掌握象形点心品种及馅心制作。

【实训时间】2课时。

【实训准备】

1. 实训场地准备

设备：案台，炉灶，案板，蒸锅（箱），水锅。

工具：盆，刀，刮皮刀，擦子，笊篱，尺子板，油刷。

2. 实训用品准备

主料：土豆350克，熟澄面150克，熟猪油50克。

馅料：猪肉、湿香菇适量。

辅料：肉脯适量。

象形雪梨果

【相关知识小贴士】

炸制，是用油脂作为传热介质，使生坯成熟的一种烹调方法，也是糕点制作中重要的一种制熟方法。操作时将糕点生坯投入温度较高的、多量油的锅中，利用油脂的热对流作用，使生坯成熟。炸制时油温的高低、水分溢出的快慢、内外水分的多少，决定了成品的口感，如酥松、酥脆、外焦内嫩等。

炸制烹调方法有：清炸，干炸，软炸，酥炸，松炸，脆炸，卷包炸，纸包炸等八种炸法。

【实训内容】

1. 操作步骤

（1）和面、制皮。土豆切薄片蒸至绵烂，用刀压成土豆泥，熟澄面逐渐加入土豆泥中，搓至融合，再加入调味料及熟猪油，制成薯蓉皮，待用。

（2）制馅。猪肉、香菇切成小粒炒制成熟粒馅。

（3）包馅成形。薯蓉皮分成小件，各包入熟粒馅捏成梨状坯。肉脯剪成细条状插在坯上，成雪梨果胚。

（4）成熟。炒锅加入生油，上炉加热，待油温适合，将雪梨果坯整齐放入炸筛。炸至微金黄起锅沥干油，装盘即成。

2. 实训总结

成品特点:酥香干香。

注意事项:雪梨形状很重要。

【实训考核】

象形雪梨果考核评分表

项 目		评 分 标 准	配分	扣分原因	实际得分
操作过程	原料准备	原料备齐后开始作业	5		
	工具准备	工具备齐后开始作业	5		
	操作时限	100 分钟			
	操作规程	1. 和面一次加水 2. 手持工具姿势正确 3. 馅心制作符合要求 4. 操作过程正确 5. 码屉整齐	30		
	卫生习惯	1. 工装齐全,干净整齐 2. 工作完成后,工位干净整齐,工具清洗干净,摆放入位 3. 操作过程符合卫生规范	20		
成品质量	成品形状	雪梨形状	10		
	馅心软硬	软硬适中	10		
	成品质感	外形美观	10		
	成品口味	香咸味可口	10		
合 计			100		

附:《中式面点制作技艺》课程标准

一、面向专业/学习领域职业描述

本门课程主要面向烹饪工艺与营养专业的学生授课,中式面点作为烹饪的一部分,犹如人的左右臂,不可或缺。培养目标是通过课程定位分析企业,调查上海饮食特点,确定企业需求学生对《中式面点技艺》这门工艺的全部生产过程有一个较系统的认识,全面了解面点所要研究的专业内容,在课程中注重培养观察和模仿能力、创新能力、综合应用能力和职业综合能力。因此在教学实施过程中有效地融合"知识、技能、态度、素质"能力四个要素。在教学理念上改变传统的以学科体系为基础的教学思路,在课程设计中以职业岗位和职业需求能力为依据,设计课程方案,确定课程目标。有30%的课程聘请行业专家授课。概要的说通过本课程的教学,使我们培养出的学生既要具有综合能力、关键能力,又要具有发展能力及职业素养,以使学生毕业后能制作中西面点和具有特色的不同区域的代表品种。

（1）中式面点的原料选用;
（2）中式面点制作设备使用与维护;
（3）水调面团类的制作与品质鉴定;
（4）发酵面团类的制作与品质鉴定;
（5）油酥面团类制作与品质鉴定;
（6）米粉面团类的制作与品质鉴定;
（7）澄粉面团类的制作与品质鉴定;
（8）中式面点与中餐菜单结合的综合演练。（初级品种）

二、(学习领域)课程定位

中式面点制作技艺为"烹饪工艺与营养专业"的专业拓展课程、中餐工艺专业的专业核心课程。本课程涉及中式面点的工艺理论知识、典型性代表作品的工艺流程与制作实践及创新品种探究。中式面点技艺是以面点工艺学、烹饪原料采购与管理等课程知识为基础,开展中式面点制作实践操作。它是中式烹饪技艺、中餐名菜点制作、菜点创新制作、宴会组织与菜单设计等课程的基础,

本课程建设是通过工学结合,以岗位需求为导向,以专业学习特点为依据来统筹设计循序渐进式的教学内容;与行业保持密切联系不断地更新充实专业内容;对实验、实训、实习、竞赛和鉴定等不同实践教学环节进行"五环紧扣式"教学模式联动;结合学生的学习能力,组成不同层次和形式的实操训练(如兴趣提高班、实训中心专业组和竞赛小组等方式)。

本课程的实训模块:水调面团类的制作与品质鉴定;发酵面团类的制作与品质鉴定;油酥面团类制作与品质鉴定;米粉面团类的制作与品质鉴定;澄粉面团类的制作与品质鉴定;中式面点与中餐菜单结合的综合演练。

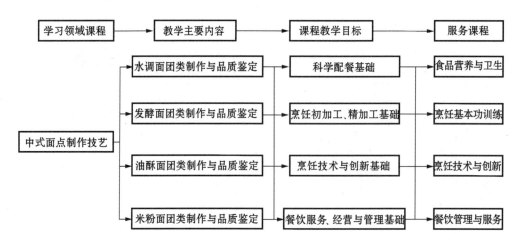

三、开设时间/学习领域情境划分与时间安排

学习领域	教学模块	情境1	情境2	情境3	情境4	情境5	情境6	学时分配
学习领域1	模块1：中式面点的原料选用	原料辨别	原料采购	原料加工处理	分析			8
学习领域2	模块2：中式面点制作设备使用与维护	中点设备的名称及辨别	中点设备的操作方法	中点设备的清洁保养	中点设备的故障及维修			8
学习领域3	模块3：水调面团类的制作与品质鉴定	菜单选择与原料准备	冷水面团的调制	温水面团的调制	沸水面团的调制	制面坯→分坯→制皮→上馅→成型→装饰-成熟→装盘	品质鉴定分析	12
学习领域4	模块4：发酵面团类的制作与品质鉴定	菜单选择与原料准备	物理膨松面坯调制	化学膨松面坯调制	酵母膨松面坯调制	制面坯→分坯→制皮→上馅→成型→装饰-成熟→装盘	品质鉴定分析	12
学习领域5	模块5：油酥面团类的制作与品质鉴定	菜单选择与原料准备	干油酥面坯调制	水油酥面调制	馅心的制作	制面坯→分坯→制皮→上馅→成型→装饰-成熟→装盘	品质鉴定分析	12
学习领域6	模块6：米粉面团类的制作与品质鉴定	菜单选择与原料准备	米粉生粉团生坯调制	米粉熟粉团的调制	馅心的制作	制面坯→分坯→制皮→上馅→成型→装饰-成熟→装盘	品质鉴定分析	8
学习领域7	模块7：澄粉面团的制作与品质鉴定	菜单选择与原料准备	澄粉面团的调制		馅心的制作	制面坯→分坯→制皮→上馅→成型→装饰-成熟→装盘	品质鉴定分析	8
学习领域8	模块8：中式面点与中餐菜单结合的综合演练模块	菜单设计	面点的组合和宴席搭配	中点实例制作	菜单搭配效果分析	品质鉴定分析		4

四、学时和学分

（1）学时：72。

（2）学分：4。

五、课程目标/学习领域目标/关键能力

（一）知识目标

1. 获取知识能力

提倡教师主导与学生自学并重,充分发挥学生学习的主动性、能动性。在课程内容设置上,以学习者为中心,通过实物、图片、实地考察等方式,具备良好的专业职业素养;掌握扎实的中式面点工艺理论基础;熟练掌握饼房设备器具的安全使用、清洁和维护等;掌握中式面点的原料选择、使用和质量鉴定技巧;熟练掌握中式面点的基本制作技术,包括制作生坯、成熟、装饰装盘等;掌握中式面点的创新制作方法;掌握特色面点品种的制作技术。实现从学会到会学的飞跃。同时,要在学习中逐步构建中式面点技艺学习体系和方法,注重知识的形成过程和实际应用,有助于改善学生学习思路,帮助学生形成获取知识与促进知识更新能力,为学生今后专业课程学习和发展以及实现终身学习打下基础。

2. 运用知识能力

针对专业核心课程认真设置课程内容,开展实践活动,应用面点基础理论、基础知识指导实践,从实践中深化对知识的理解,实现知识与能力的融合,为其他课程学习和专业实践奠定基础。

3. 创造能力

应用知识和实践,结合专业学习,充分发挥学生自主学习和实践能力,积极调动学习兴趣和创新能力,掌握中式面点制作原理和工艺,并应用到专业学习中。同时强调企业、社会的参与,这样有利于学生创新意识与创造能力的培养。

4. 职业能力

通过课程实践教学培养学生市场调查能力、技术创新能力、餐饮经营与管理能力,为专业发展和职业发展奠定基础。

（二）能力目标

（1）知识结构的重心放在中式面点技能操作上,即抓住实践教学内容,举一反三发挥学生创新能力;理论联系实际、通过系统性学习和实践培养学生学习专业方法和能力。不仅强调专业性、技术性,又要强调基础性,要使基础知识与专业知识相融合,内化为学生的能力,有助于专业发展。

（2）注意学科知识间的渗透与综合,重视知识与实用性的沟通、转化,在教学应用实践中体会知识综合化的魅力,使学生学会用综合化知识解决专业性、技术性管理问题。

（三）素质目标

1. 社会素质

专业知识和实践教学同时加强学生职业素质培养,对专业发展、特点、能力和从业态度等方面积极引导,使之具备职业素养和礼仪气质职业人才。

2. 心理素质

培养学生具备良好心理素质,实践教学注重培养学生专业自信心,为提高职业沟通能力夯实基础,有助于学生今后职业生涯的发展。

六、课程内容设计/学习领域情境设计

1. 学习情境的设计思路

(1) 基于校企共建人才培养方式。

(2) 以符合认知规律为出发点构建一体化教学体系。根据学生的认知特点和职业能力形成的规律,通过该门课程的学习,将知识与技能进行整合,实现理论实践一体化、课堂与实习地点一体化,在学生原有的知识体系和最终要实现的目标之间搭建桥梁。

(3) 以职业活动导向教学理念。在教学中体现职业活动导向的理念,按照"项目教学法"设计和实际工作过程相一致的学习任务,让学生在活动中学习;在活动中参与学习的全过程;在活动中让学生脑、心、手共同参与学习。比如:参与系里每一次的宴请活动。

(4) 关注学生发展,使学生学会学习、掌握学习的方法,竖立终身学习的理念。

2. 学习领域课程总体设计

学习领域课程:中式面点制作技艺　　计划学时:72

编号	名　称	情　境　描　述	学时
1	中式面点的原料选用	通过图样和实物对各种中式面点主辅原料进行品种辨别;通过组织学生去超市或农贸市场采购教学所需原料,了解相应的品种质量、价格和产地差别;通过面点成品比较的分析不同原料的不同使用用途及储存注意事项等	6
2	中式面点制作设备使用与维护	中点设备的名称及辨别、操作方法、清洁保养及故障维修	6
3	水调面坯类的制作与品质鉴定	菜单选择与原料准备、冷水面团的调制、温水面团的调制、沸水面团的调制 制面坯→分坯→制皮→上馅→成形→装饰-成熟→装盘 品质鉴定分析	12
4	发酵面坯类的制作与品质鉴定	菜单选择与原料准备、物理膨松面坯调制、化学膨松面坯调制、酵母膨松面坯调制 制面坯→分坯→制皮→上馅→成形→装饰-成熟→装盘 品质鉴定分析	12
5	油酥面坯类制作与品质鉴定	菜单选择与原料准备、干油酥面坯调制、水油酥面调制、馅心的制作 制面坯→分坯→制皮→上馅→成形→装饰-成熟→装盘 品质鉴定分析	10
6	米粉面团类的制作与品质鉴定	菜单选择与原料准备、米粉生粉团生坯调制、米粉熟粉团的调制、馅心的制作 制面坯→分坯→制皮→上馅→成形→装饰-成熟→装盘 品质鉴定分析	6
7	澄粉面坯制作与品质鉴定	菜单选择与原料准备、澄粉面团的调制、馅心的制作 制面坯→分坯→制皮→上馅→成形→装饰-成熟→装盘 品质鉴定分析	6
8	中式面点与中餐菜单结合的综合演练	菜单设计、面点的组合和宴席搭配(普通宴席一甜一咸、中档宴席二甜二咸、高档宴席三甜三咸) 中点实例制作、菜单搭配效果分析、品质鉴定分析	8
9	复习考试		6

七、教学环节(思路)设计

学习情境1			中式面点的原料选用		学时分配:6	
学习目标			通过图样和实物对各种中式面点主辅原料进行品种辨别;通过组织学生去超市或农贸市场采购教学所需原料,了解相应的品种质量、价格和产地差别;通过面点成品比较的分析不同原料的不同使用用途及储存注意事项等			
学习任务			原料的性质、用途、加工处理方法; 熟悉采购各类表格,制定采购计划,按计划准备采购各类表格:采购计划表制定、计划采购单、定额采购单、临时申购单、鲜活原料采购申请单、采购规格书编写			
宏观教学法			理论教学采取直观教学,采用多媒体技术、图片和案例进行形象教学;实践教学采取体验法教学,教学指导、学生主导方式进行实践实验,引导学生总结经验发挥主观能动性,开发创新意识,培养学习能力、工作能力			
学习必备基础			具备一定生活能力,热爱餐饮与烹饪,具备一定专业操作能力			
教师必备基础			具备现代酒店和餐饮业职业技术技师能力和经验			
教学媒体			多媒体投影设备和原料加工试验室			
工具材料			电脑与打印设备:表格制作与打印			
学习步骤	阶段		工 作 过 程		微观教学法建议	学时
	资讯	教师行为	理论课件准备:介绍原料采购组织与管理和工作流程 表单准备:介绍各类表单和审批要求		调查把握最新动态	3
		学生行为	分组,指导学生明确课程内容和需要完成任务 收集必要资料或调查企业,了解采购管理信息		分别指导收集信息方法或渠道	
	计划与决策	学生行为	按小组任务,制定完成任务计划,落实任务 制订各类表单,形成一套中点制作标准管理规定		市场调研	
		教师行为	指导与审核计划		分组辅导	
	实施	学生行为	计划实施,提交任务书,综合各类表单,形成整套管理规定和采购审批程序		讨论整合	
		教师行为	指导与提出修改意见		讨论修改	
	检查与评估	学生行为	学生汇报		小组汇报	2
		教师行为	分析 教师评价记录分数		教师点评	1

学习情境2	中式面点制作设备使用与维护	学时分配:6
学习目标	掌握中点设备的名称及辨别、操作方法、清洁保养及故障维修	
学习任务	中点设备的名称及辨别、操作方法、清洁保养及故障维修 实物展示,结合理论掌握鉴定质量方法和注意事项;撰写存在质量问题的调查报告	
宏观教学法	理论教学采取直观教学,采用多媒体技术、图片和案例进行形象教学 实践教学采取体验法教学,教学指导、学生主导方式进行实践实验,引导学生总结经验发挥主观能动性,开发创新意识,培养学习能力、工作能力	
学习必备基础	具备一定生活能力,热爱餐饮与烹饪,具备一定专业操作能力	

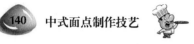

（续表）

学习情境2			中式面点制作设备使用与维护		学时分配:6	
教师必备基础			具备现代酒店和餐饮业职业技术技师能力和经验			
教学媒体			多媒体投影设备和原料加工试验室			
工具材料			电脑与打印设备:表格制作与打印			
学习步骤	阶段		工 作 过 程		微观教学法建议	学时
	资讯	教师行为	理论课件准备:介绍设备组织与管理和工作流程 表单准备:介绍各类表单和审批要求		调查把握最新动态	3
		学生行为	分组,指导学生明确课程内容和需要完成任务 收集必要资料或调查企业,了解采购管理信息		分别指导收集信息 方法或渠道	
	计划与决策	学生行为	按小组任务,制定完成任务计划,落实任务 制订各类表单,形成一套中点制作标准管理规定		市场调研	
		教师行为	指导与审核计划		分组辅导	
	实施	学生行为	计划实施,提交任务书,综合各类表单,形成整套 管理规定和采购审批程序		讨论整合	
		教师行为	指导与提出修改意见		讨论修改	
	检查与评估	学生行为	学生汇报		小组汇报	2
		教师行为	分析 教师评价记录分数		教师点评	1

学习情境3			水调面坯类的制作与品质鉴定		学时分配:12	
学习目标			掌握冷水面团的调制、温水面团的调制、沸水面团的调制方法			
学习任务			菜单选择与原料准备、冷水面团的调制、温水面团的调制、沸水面团的调制 制面坯→分坯→制皮→上馅→成形→装饰-成熟→装盘 品质鉴定分析			
宏观教学法			理论教学采取直观教学,采用多媒体技术、图片和案例进行形象教学 实践教学采取体验法教学,教学指导、学生主导方式进行实践实验,引导学生总结经验发挥 主观能动性,开发创新意识,培养学习能力、工作能力			
学习必备基础			具备一定生活能力,热爱餐饮与烹饪,具备一定专业操作能力			
教师必备基础			具备现代酒店和餐饮业职业技术技师能力和经验			
教学媒体			多媒体投影设备和原料加工试验室			
工具材料			电脑与打印设备:表格制作与打印			
学习步骤	阶段		工 作 过 程		微观教学法建议	学时
	资讯	教师行为	理论课件准备:介绍原料采购组织与管理和工作 流程 表单准备:介绍各类表单和审批要求		调查把握最新动态	9
		学生行为	分组,指导学生明确课程内容和需要完成任务 收集必要资料或调查企业,了解采购管理信息		分别指导收集信息 方法或渠道	
	计划与决策	学生行为	按小组任务,制定完成任务计划,落实任务 制订各类表单,形成一套中点制作标准管理规定		市场调研	
		教师行为	指导与审核计划		分组辅导	

（续表）

学习情境3			水调面坯类的制作与品质鉴定		学时分配:12
学习步骤	阶段		工 作 过 程	微观教学法建议	学时
	实施	学生行为	计划实施,提交任务书,综合各类表单,形成整套管理规定和采购审批程序	讨论整合	
		教师行为	指导与提出修改意见	讨论修改	
	检查与评估	学生行为	学生汇报	小组汇报	2
		教师行为	分析 教师评价记录分数	教师点评	1

学习情境4	发酵面坯类的制作与品质鉴定	学时分配:12
学习目标	掌握物理膨松面坯调制、化学膨松面坯调制、酵母膨松面坯调制	
学习任务	菜单选择与原料准备、物理膨松面坯调制、化学膨松面坯调制、酵母膨松面坯调制 制面坯→分坯→制皮→上馅→成形→装饰-成熟→装盘 品质鉴定分析	
宏观教学法	理论教学采取直观教学,采用多媒体技术、图片和案例进行形象教学 实践教学采取体验法教学,教学指导、学生主导方式进行实践实验,引导学生总结经验发挥主观能动性,开发创新意识,培养学习能力、工作能力	
学习必备基础	具备一定生活能力,热爱餐饮与烹饪,具备一定专业操作能力	
教师必备基础	具备现代酒店和餐饮业职业技术技师能力和经验	
教学媒体	多媒体投影设备和原料加工试验室	
工具材料	电脑与打印设备:表格制作与打印	

学习步骤	阶段		工 作 过 程	微观教学法建议	学时
学习步骤	资讯	教师行为	理论课件准备:介绍原料采购组织与管理和工作流程 表单准备:介绍各类表单和审批要求	调查把握最新动态	9
		学生行为	分组,指导学生明确课程内容和需要完成任务 收集必要资料或调查企业,了解采购管理信息	分别指导收集信息方法或渠道	
	计划与决策	学生行为	按小组任务,制定完成任务计划,落实任务 制订各类表单,形成一套中点制作标准管理规定	市场调研	
		教师行为	指导与审核计划	分组辅导	
	实施	学生行为	计划实施,提交任务书,综合各类表单,形成整套管理规定和采购审批程序	讨论整合	
		教师行为	指导与提出修改意见	讨论修改	
	检查与评估	学生行为	学生汇报	小组汇报	2
		教师行为	分析 教师评价记录分数	教师点评	1

学习情境5	油酥面坯类制作与品质鉴定	学时分配:10
学习目标	掌握干油酥面坯调制、水油酥面调制及工艺流程	
学习任务	菜单选择与原料准备、干油酥面坯调制、水油酥面调制、馅心的制作 制面坯→分坯→制皮→上馅→成形→装饰-成熟→装盘 品质鉴定分析原料的性质、用途、加工处理方法	

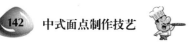

（续表）

学习情境5			油酥面坯类制作与品质鉴定		学时分配:10
宏观教学法			理论教学采取直观教学,采用多媒体技术、图片和案例进行形象教学 实践教学采取体验法教学,教学指导、学生主导方式进行实践实验,引导学生总结经验发挥主观能动性,开发创新意识,培养学习能力、工作能力		
学习必备基础			具备一定生活能力,热爱餐饮与烹饪,具备一定专业操作能力		
教师必备基础			具备现代酒店和餐饮业职业技术技师能力和经验		
教学媒体			多媒体投影设备和原料加工试验室		
工具材料			电脑与打印设备:表格制作与打印		
学习步骤	阶段		工 作 过 程	微观教学法建议	学时
	资讯	教师行为	理论课件准备:介绍原料采购组织与管理和工作流程 表单准备:介绍各类表单和审批要求	调查把握最新动态	7
		学生行为	分组,指导学生明确课程内容和需要完成任务 收集必要资料或调查企业,了解采购管理信息	分别指导收集信息方法或渠道	
	计划与决策	学生行为	按小组任务,制定完成任务计划,落实任务 制订各类表单,形成一套中点制作标准管理规定	市场调研	
		教师行为	指导与审核计划	分组辅导	
	实施	学生行为	计划实施,提交任务书,综合各类表单,形成整套管理规定和采购审批程序	讨论整合	
		教师行为	指导与提出修改意见	讨论修改	
	检查与评估	学生行为	学生汇报	小组汇报	2
		教师行为	分析 教师评价记录分数	教师点评	1

学习情境6			米粉面团类的制作与品质鉴定		学时分配:6
学习目标			掌握米粉生粉团生坯调制、米粉熟粉团的调制及工艺流程		
学习任务			菜单选择与原料准备、米粉生粉团生坯调制、米粉熟粉团的调制、馅心的制作 制面坯→分坯→制皮→上馅→成形→装饰-成熟→装盘 品质鉴定分析		
宏观教学法			理论教学采取直观教学,采用多媒体技术、图片和案例进行形象教学 实践教学采取体验法教学,教学指导、学生主导方式进行实践实验,引导学生总结经验发挥主观能动性,开发创新意识,培养学习能力、工作能力		
学习必备基础			具备一定生活能力,热爱餐饮与烹饪,具备一定专业操作能力		
教师必备基础			具备现代酒店和餐饮业职业技术技师能力和经验		
教学媒体			多媒体投影设备和原料加工试验室		
工具材料			电脑与打印设备:表格制作与打印		
学习步骤	阶段		工 作 过 程	微观教学法建议	学时
	资讯	教师行为	理论课件准备:介绍原料采购组织与管理和工作流程 表单准备:介绍各类表单和审批要求	调查把握最新动态	3

学习情境6			米粉面团类的制作与品质鉴定		学时分配:6
学习步骤	阶段		工 作 过 程	微观教学法建议	学时
	资讯	学生行为	分组,指导学生明确课程内容和需要完成任务 收集必要资料或调查企业,了解采购管理信息	分别指导收集信息 方法或渠道	
	计划与 决策	学生行为	按小组任务,制定完成任务计划,落实任务 制订各类表单,形成一套中点制作标准管理规定	市场调研	
		教师行为	指导与审核计划	分组辅导	
	实施	学生行为	计划实施,提交任务书,综合各类表单,形成整套 管理规定和采购审批程序	讨论整合	
		教师行为	指导与提出修改意见	讨论修改	
	检查与 评估	学生行为	学生汇报	小组汇报	2
		教师行为	分析 教师评价记录分数	教师点评	1

学习情境7		澄粉面坯制作与品质鉴定		学时分配:6
学习目标		掌握澄粉面团的调制及工艺流程		
学习任务		菜单选择与原料准备、澄粉面团的调制、馅心的制作 制面坯→分坯→制皮→上馅→成形→装饰-成熟→装盘 品质鉴定分析		
宏观教学法		理论教学采取直观教学,采用多媒体技术、图片和案例进行形象教学 实践教学采取体验法教学,教学指导、学生主导方式进行实践实验,引导学生总结经验发挥 主观能动性,开发创新意识,培养学习能力、工作能力		
学习必备基础		具备一定生活能力,热爱餐饮与烹饪,具备一定专业操作能力		
教师必备基础		具备现代酒店和餐饮业职业技术技师能力和经验		
教学媒体		多媒体投影设备和原料加工试验室		
工具材料		电脑与打印设备:表格制作与打印		

	阶段		工 作 过 程	微观教学法建议	学时
学习步骤	资讯	教师行为	理论课件准备:介绍原料采购组织与管理和工作 流程 表单准备:介绍各类表单和审批要求	调查把握最新动态	3
		学生行为	分组,指导学生明确课程内容和需要完成任务 收集必要资料或调查企业,了解采购管理信息	分别指导收集信息 方法或渠道	
	计划与 决策	学生行为	按小组任务,制定完成任务计划,落实任务 制订各类表单,形成一套中点制作标准管理规定	市场调研	
		教师行为	指导与审核计划	分组辅导	
	实施	学生行为	计划实施,提交任务书,综合各类表单,形成整套 管理规定和采购审批程序	讨论整合	
		教师行为	指导与提出修改意见	讨论修改	
	检查与 评估	学生行为	学生汇报	小组汇报	2
		教师行为	分析 教师评价记录分数	教师点评	1

学习情境8		中式面点与中餐菜单结合的综合演练			学时分配:8	
学习目标		掌握菜单设计、面点的组合和宴席搭配				
学习任务		菜单设计、面点的组合和宴席搭配(普通宴席一甜一咸、中档宴席二甜二咸、高档宴席三甜三咸) 中点实例制作、菜单搭配效果分析 菜单搭配效果分析				
宏观教学法		理论教学采取直观教学,采用多媒体技术、图片和案例进行形象教学 实践教学采取体验法教学,教学指导、学生主导方式进行实践实验,引导学生总结经验发挥主观能动性,开发创新意识,培养学习能力、工作能力				
学习必备基础		具备一定生活能力,热爱餐饮与烹饪,具备一定专业操作能力				
教师必备基础		具备现代酒店和餐饮业职业技术技师能力和经验				
教学媒体		多媒体投影设备和原料加工试验室				
工具材料		电脑与打印设备:表格制作与打印				
学习步骤	**阶段**		**工作过程**		微观教学法建议	学时
	资讯	教师行为	理论课件准备:介绍原料采购组织与管理和工作流程 表单准备:介绍各类表单和审批要求		调查把握最新动态	5
		学生行为	分组,指导学生明确课程内容和需要完成任务 收集必要资料或调查企业,了解采购管理信息		分别指导收集信息方法或渠道	
	计划与决策	学生行为	按小组任务,制定完成任务计划,落实任务 制订各类表单,形成一套中点制作标准管理规定		市场调研	
		教师行为	指导与审核计划		分组辅导	
	实施	学生行为	计划实施,提交任务书,综合各类表单,形成整套管理规定和采购审批程序		讨论整合	
		教师行为	指导与提出修改意见		讨论修改	
	检查与评估	学生行为	学生汇报		小组汇报	2
		教师行为	分析 教师评价记录分数		教师点评	1

八、考核方式/学习领域能力测试与考核方式

1.专业课程素质、知识、能力考核标准

专业能力	任务内容	技术要求	知识与素质要求
中式面点的原料选用	通过图样和实物对各种中式面点主辅原料进行品种辨别;通过组织学生去超市或农贸市场采购教学所需原料,了解相应的品种质量、价格和产地差别;通过面点成品比较,分析不同原料的不同使用用途及储存注意事项等 熟悉采购各类表格,制定采购计划,按计划准备采购各类表格;采购计划表制定、计划采购单、定额采购单、临时申购单、鲜活原料采购申请单、采购规格书编写	掌握具有灵活应用面点原料的能力 掌握各类采购管理表格制作与目的要求	了解餐饮企业采购部门组织结构和职业技术、知识、经验 了解各类表格对原材料质量、成本管理的重要性和意义

（续表）

专业能力	任务内容	技术要求	知识与素质要求
中式面点制作设备使用与维护	中点设备的名称及辨别、操作方法、清洁保养及故障维修 实物展示，结合理论掌握设备质量方法和注意事项；撰写现代存在质量问题的调查报告	具有操作机械设备的能力 掌握具体设备质量检验方法	了解各种影响设备质量的因素和变化规律 了解各类设备质量综合检验方法
水调面坯类的制作与品质鉴定	菜单选择与原料准备、冷水面团的调制、温水面团的调制、沸水面团的调制 制面坯→分坯→制皮→上馅→成形→装饰→成熟→装盘 品质鉴定分析	具有分析面团性质的能力 掌握市场调研方法，把握市场动态	了解各种原料的基本性质和功能 了解各类成品质量规格和质量
发酵面坯类的制作与品质鉴定	菜单选择与原料准备、物理膨松面坯调制、化学膨松面坯调制、酵母膨松面坯调制 制面坯→分坯→制皮→上馅→成形→装饰-成熟→装盘 品质鉴定分析	掌握发面原料品质特点 掌握市场调研方法，把握市场动态	了解发面知识、品质和属性 了解各类发面质量规格和质量
油酥面坯类制作与品质鉴定	菜单选择与原料准备、干油酥面坯调制、水油酥面调制、馅心的制作 制面坯→分坯→制皮→上馅→成形→装饰-成熟→装盘 品质鉴定分析	掌握油酥面团类原料品质特点 掌握市场调研方法，把握市场动态	了解油酥面团类知识、品质和属性 了解各类油酥面点成品质量规格和质量
米粉面团类的制作与品质鉴定	菜单选择与原料准备、米粉生粉团生坯调制、米粉熟粉团的调制、馅心的制作 制面坯→分坯→制皮→上馅→成形→装饰-成熟→装盘 品质鉴定分析	掌握米粉面团品质特点 掌握市场调研方法，把握市场动态	了解米粉面团知识、品质和属性 了解米粉面团成品质量规格和质量
澄粉面坯制作与品质鉴定	菜单选择与原料准备、澄粉面团的调制、馅心的制作 制面坯→分坯→制皮→上馅→成形→装饰-成熟→装盘 品质鉴定分析	掌握澄粉面团原料品质特点 掌握市场调研方法，把握市场动态	了解澄粉面团知识、品质和属性 了解澄粉面团成品质量规格和质量
中式面点与中餐菜单结合的综合演练	菜单设计、面点的组合和宴席搭配（普通宴席一甜一咸、中档宴席二甜二咸、高档宴席三甜三咸） 中点实例制作、菜单搭配效果分析 原料品质鉴定、成本核算、折损率测试、成品展示	菜单设计、采购计划、采购单制作 采购实践和成果评估	综合各类知识和组织管理流程 质量、成本评估

2. 专业课程素质、知识、能力考核标准比重表

（1）基础理论知识。

项　　目			比例（%）
基本要求		职业道德	20
基础知识	中式面点的原料选用	通过图样和实物对各种中式面点主辅原料进行品种辨别；通过组织学生去超市或农贸市场采购教学所需原料，了解相应的品种质量、价格和产地差别；通过面点成品比较的分析不同原料的不同使用用途及储存注意事项等	10

（续表）

	项　目		比例（%）
基础知识	中式面点制作设备使用与维护	中点设备的名称及辨别、操作方法、清洁保养及故障维修	10
	水调面坯类的制作与品质鉴定	菜单选择与原料准备、冷水面团的调制、温水面团的调制、沸水面团的调制 制面坯→分坯→制皮→上馅→成形→装饰→成熟→装盘	10
	发酵面坯类的制作与品质鉴定	菜单选择与原料准备、物理膨松面坯调制、化学膨松面坯调制、酵母膨松面坯调制 制面坯→分坯→制皮→上馅→成形→装饰-成熟→装盘	10
	油酥面坯类制作与品质鉴定	菜单选择与原料准备、干油酥面坯调制、水油酥面调制、馅心的制作 制面坯→分坯→制皮→上馅→成形→装饰-成熟→装盘	10
	米粉面团类的制作与品质鉴定	菜单选择与原料准备、米粉生粉团生坯调制、米粉熟粉团的调制、馅心的制作 制面坯→分坯→制皮→上馅→成形→装饰-成熟→装盘	10
	澄粉面坯制作与品质鉴定	菜单选择与原料准备、澄粉面团的调制、馅心的制作 制面坯→分坯→制皮→上馅→成形→装饰-成熟→装盘	10
	中式面点与中餐菜单结合的综合演练	菜单设计、面点的组合和宴席搭配（普通宴席一甜一咸、中档宴席二甜二咸、高档宴席三甜三咸） 中点实例制作、菜单搭配效果分析	10
合　　计			100

（2）实践应用技术操作。

	项　目		比例（%）
基本要求		职业礼仪	10
		卫生习惯	10
技术要求	中式面点的原料选用	熟悉采购各类表格，制定采购计划，按计划准备采购各类表格：采购计划表制定、计划采购单、定额采购单、临时申购单、鲜活原料采购申请单、采购规格书编写	10
	中式面点制作设备使用与维护	实物展示，结合理论掌握鉴定设备质量方法和注意事项；撰写设备存在质量问题的调查报告	10
	水调面坯类的制作与品质鉴定	水调面团成品的品质鉴定分析	10
	发酵面坯类的制作与品质鉴定	发酵面团成品的品质鉴定分析	10
	油酥面坯类制作与品质鉴定	油酥面团成品的品质鉴定分析	10
	米粉面团类的制作与品质鉴定	米粉面团成品的品质鉴定分析	10
	澄粉面坯制作与品质鉴定	澄粉面团成品的品质鉴定分析	10
	中式面点与中餐菜单结合的综合演练	原料品质鉴定、成本核算、折损率测试、成品展示	10
合　　计			100

主要参考文献

[1] 杨存根. 中式面点制作[M]. 北京:北京师范大学出版社,2011.

[2] 王美. 中式面点工艺(第二版)[M]. 北京:中国轻工业出版社,2012.

[3] 祁可斌. 面点制作入门[M]. 北京:机械工业出版社,2010.

[4] 赵荣光. 中华饮食文化[M]. 北京:中华书局,2012.

[5] 冯玉珠,沈博. 饮食文化概论[M]. 北京:中国纺织出版社,2009.

[6] 都大明,金守郡. 中国旅游文化(第三版)[M]. 上海:上海交通大学出版社,2012.

[7] 邱庞同. 中国面点史[M]. 山东:青岛出版社,2010.

[8] 杨正宽. 文化观光原理与应用[M]台北:杨智文化事业股份有限公司,2010.